LOCUS

LOCUS

LOCUS

LOCUS

from
vision

from 124

什麼時候是好時候
掌握完美時機的科學祕密
When: The Scientific Secrets of Perfect Timing

作者：丹尼爾‧品克（Daniel H. Pink）
譯者：趙盛慈
責任編輯：吳瑞淑
封面設計：三人制創
校對：呂佳真
出版者：大塊文化出版股份有限公司
台北市 10550 南京東路四段 25 號 11 樓
www.locuspublishing.com
電子信箱：locus@locuspublishing.com
讀者服務專線：0800-006689
TEL：(02) 87123898　　FAX：(02) 87123897
郵撥帳號：18955675　　戶名：大塊文化出版股份有限公司
法律顧問：董安丹律師、顧慕堯律師
版權所有　翻印必究

總經銷：大和書報圖書股份有限公司
地址：新北市新莊區五工五路 2 號
TEL：(02) 89902588 (代表號)　　FAX：(02) 22901658
初版一刷：2018 年 6 月

定價：新台幣 350 元
Printed in Taiwan

When
The Scientific Secrets of Perfect Timing

什麼時候是好時候
掌握完美時機的科學祕密

Daniel H. Pink　著
趙盛慈　譯

萬事萬物都有其時

張永錫

(時間管理講師、幸福行動家創始人)

我是一個愛午睡的人,有時會有些內疚感,覺得午睡時間並未認真工作。

看了這本書,作者大力提倡「工作中適時打斷,更有效率」的概念,深深打動了我(你看,我就說我直覺是對的),輔以大量實驗證明數據,讓我午睡睡得光明正大。整理書中有關午睡的一些論點主要有……

· 下午兩點五十五分是一日生產力最低點
· 最適合午睡的時間是下午兩點到三點
· 午睡最簡單的方式是設定二十五分鐘鬧鐘,因為午睡長度最好在十到二十分鐘之間,而入睡一般需要

七分鐘

我是本書作者丹尼爾・品克（Daniel H. Pink）的粉絲，他的著作有《Free Agent Nation》（自由工作者國度）、《未來在等待的人才》、《動機，單純的力量》、《未來在等待的銷售人才》等，我幾乎本本拜讀，原因有三，首先是每本書聚焦明確，自由工作者、人才、動機、時機等，讓人針對單一主題深入學習；其次，書內例子新穎有獨創性，丹尼爾・品克和兩位優秀研究員為書內各個案例及論證提供科學證據，讓讀者第一手閱讀最新情報；最後是書中整理大量可以實操的行動資源，讓讀者可以進一步體驗及學習。

本書探討的主題是「時機」（Timing）：

第一章，日常生活的隱藏模式，討論了人的精力在一天內歷經高峰、低谷、回升的起伏模式，讓我們知道特定時刻下，人最有創意、最適合的工作模式。

第二章，下午與咖啡匙，討論工作中休息的重要性、午餐時間品質對生產力的影響，還有前面提到，嗯，現代人應該如何睡午覺。

第三章，開始，討論好的開始就是成功的一半，研究我們如何創造對自己有利的開始，讓自己的做事效率甚至收入都能夠輕易地提高。

第四章，中間點，用猶太習俗光明節蠟燭、NBA中場得分及中年危機，告訴我們人類面對生命中的中間點時，行為也會有所改變。

第五章，結尾，告訴我們結尾的力量，例如小說和電影的結尾，若是一個百分之百皆大歡喜的結局，還不如是一個正面結尾，卻帶著一絲惆悵、一點辛酸，這樣更能夠讓讀者或觀影者長久不忘。

第六章也是我最喜歡的一章，講的是快速與緩慢同步，團體時機的祕密，這章舉了Dabbawala這個印度快遞便當業的例子。

在Dabbawala（一個印度便當快遞系統，協助印度郊區家庭，配送家中烹煮的午餐，送到男主人辦公室的服務）上班的都是功能性文盲的員工，學歷低，技術能力低，但這個便當快遞系統卻在不需要任何高科技工具下，幫助為數廣大的印度家庭，遞送住在市郊家中女主人親手烹飪的餐盒，在用餐時刻到來前（午後十二點四十五分），送抵在市區上班的男主人手邊。

Dabbawala工作同步依賴三個要點，首先是和火車時刻表同步，其次和其他的Dabbawala同步，最後是和心同步。

每個周間的早上，一個Dabbawala必須戴著工作的小白帽，在一小時左右的時間內，騎著自行車到印度市郊社區蒐集不同家庭的十五到二十份便當（通常裡面是花椰菜、黃扁豆、米飯和印度煎餅），三個半小時後，這份午餐會出現在三十公里外，位在孟買市區辦公室的男主人的辦公桌上。七小時後，會再回到市郊社區原來家庭女主人的手上。

十幾個Dabbawala就能覆蓋五十萬人左右的城市鄰近區域，每天，他們會整理這些午餐，用繩子將二十個便當吊掛背上，搭上通勤火車的行李車廂，前往孟買。

人人都渴望吃到家裡的食物，而Dabbawala就是達成這個渴望的人，但是那代表Dabbawala必須非常準時，例如說，搭上十點五十一分從維勒帕雷（Vile Parle）火車站前往孟買的火車。

Dabbawala必須和火車時刻表同步，火車時刻表就是老大，沒有一絲妥協，錯過就遲到了。每一個Dabbawala每天都必須及時趕上火車開車時刻，不然便當就無法準時送達，也就是說，火車時刻表就是他們團體協作第一個同步的重點。

其次，Dabbawala必須和其他的Dabbawala同步，他們用三種方式來達成這一點——代碼、裝束、碰觸。

Dabbawala會在便當盒上面標示一些英文字母及數字，代表收集便當位置、要送達哪個火車站、在哪個火車站由哪個Dabbawala接手、最後是客戶上班建築物及樓層，這些所有Dabbawala都看得懂的代碼，就是他們共用的密碼。

所有的Dabbawala，都會穿戴一樣的白色甘地帽。

Dabbawala在通往孟買的火車上常常彼此相靠或靠在另一人的肩膀小睡，這些肢體上的碰觸，會讓彼此感情更好。

Dabbawala的與心同步，是形而上的層次，他們認為「工作等於敬拜」，便當不是單純的容器，遞送的過程是項神聖的任務，幫助客戶在中午休息時間，和做飯的妻子產生連結。Dabbawala是讓家庭緊繫在一起的信差，這讓他們面對城市裡複雜的交通狀況，都要求自己要在時限前抵達，因為這樣才能連結許多家庭的愛，這讓所有的Dabbawala在心的層次同步。

和火車時刻表同步，其次和其他的Dabbawala同步，最後是和心的同步，這三種不同的同步，讓所有的Dabbawala凝聚在一起，穿過時空的限制，造就了一個神奇的便當傳遞系統。

以上是第六章部分精采內容。

我相信，細讀這本書後，你也會有神奇的改變，這都是因為，你更懂得時機（Timing）兩個字的效用，它讓一切變得有所不同。

最後，以書中我最喜歡的兩句話做為結尾。

以前我相信，時機就是一切。
現在我相信，每件事物都有它的時機。

邁向成功，從建立快慢有致的生活節奏開始

鄭緯筌Vista Cheng

（「內容駭客」網站創辦人）

說到丹尼爾・品克（Daniel H. Pink）這位享譽國際的暢銷作家，大家應該不陌生。在推出《未來在等待的人才》、《動機，單純的力量》與《未來在等待的銷售人才》等暢銷好書之後，最近又出版了一本專門探討「時機」的新書《什麼時候是好時候》。

早在這本書剛出現在美國出版市場時，便引起我的關注。因為在這個碎片化的年代，大家都很容易被五光十色的各式資訊所吸引導致分心，故而我們應該好好管理自己的時間和精力，並且保護珍稀的專注力。

因此，當我發現丹尼爾・品克寫了這本《什麼時候是好時候》，不免對本書內容充滿好奇。很高興聽到大塊文化為

臺灣讀者引進這本好書，也很快地拜讀完整本書，我更赫然發現自己一些慣常的行為模式，竟能和這本書相互呼應。

很多人想要提升生產力，卻常常感到無所適從。丹尼爾‧品克在《什麼時候是好時候》一書中告訴大家，人類並非全都以一模一樣的方式體驗一天的生活。我們每個人的天賦、個性都不盡相同，也有截然不同的「時型」（chronotype）。而這些依循晝夜作息的個人行為模式，也會影響我們的生理和心理。

丹尼爾‧品克把人們劃分為雲雀、貓頭鷹和第三種鳥，藉此區別大家習慣的作息時間與行為模式。他更在書中提出建議，鼓勵大家透過問題填答的方式，找出最適合自己的日常時機。

漫長的一天之中，我們都無可避免會經歷高峰、低谷和回升這三個階段。在知悉自己的時型和偏好的作息時間之後，就應該懂得把握正確的時機，投入最有生產力和效益的工作。

好比作曲家柴可夫斯基通常會在早上七、八點起床，接著閱讀、喝茶和散步。九點半，他會坐到鋼琴邊，作幾個小時的曲。然後吃午餐休息，下午再散步一次。五點時，他會再回到鋼琴邊，在晚上八點吃晚餐之前持續工作數個小時。

而日本作家村上春樹也認為身心平衡有利於創作，所以每天會固定寫作五、六個小時，估計每天寫滿十張四百字稿紙。他除了午睡、聽音樂和讀書之外，也會保持出外運動一小時的習慣。

看完這本書，我更篤信自己應該是所謂的「雲雀」人。習慣清晨時光的我，喜歡在陽光照進書房的時刻記錄晨間日記，或者打開電腦撰寫部落格文章。「內容駭客」網站（https://www.contenthacker.today/）的很多文章，便是我利用尚未開始工作之前的清晨所寫成的。

本書作者不只告訴我們該在何時做什麼事，也告訴我們休息的重要性。好比書上提到的製作休息清單，也讓我看了很有感觸。在我們追求人生成就的過程中，更重要的是能夠在生活與工作之間取得均衡，所以建立自己的儀式感和適合的節奏，遠比一味求快還來得關鍵！

如果您希望提升自己的工作效率，進而邁向成功，就讓我們從建立快慢有致的生活節奏開始吧！當然，我也很樂意向您推薦丹尼爾・品克的這本好書《什麼時候是好時候》。

目錄

第 1 部
一天

1、日常生活的隱藏模式

　每一天，人的精力、情緒，依生物鐘有高峰、低谷，
並再度回升的起伏狀態。如何正確地預測、調適自己
的狀態，執行出最佳成效。

2、下午與咖啡匙：休息的力量、午餐的約定，
以及現代版午睡範例

　愈來愈多科學文獻清楚表明：休息不是懶散，而是讓
我們重獲力量。

第 2 部
開始、結尾與中場

第 3 部
同步與思考

時間並非主要之事，而是一切。

——邁爾士‧戴維斯（Miles Davis）

特納船長的決定

　　九一五年五月一日星期六，中午十二點半，一艘豪華
遠洋客輪從曼哈頓哈德遜河五十四號碼頭駛離，動身
前往英國利物浦。這艘巨大的英國籍客輪上，載了一千九百
五十九名乘客和船員。當中，一定有人感到些許不安，但主
因並非潮水起伏，而是時局的關係。

　　去年夏天第一次世界大戰爆發，大不列顛正在和德國交
戰。不久之前，德國宣布不列顛群島鄰近水域屬於戰區，而
這正是客輪必須行經的航線。在表定出發日的前幾個星期，
德國駐美大使甚至在美國報紙上刊登文宣，警告即將登船的
乘客，「搭乘大不列顛及其盟國船隻」進入相關水域的人
「風險自負」。[1]

可是，只有幾名乘客取消登船。畢竟，這艘客輪已經橫渡大西洋兩百多次，並未發生意外。這是全世界最大、最快的客輪，船上配有無線電報和數量充足的救生艇（三年前鐵達尼號沉船的教訓是一部分原因）。此外，最重要的一點或許在於，這艘船的掌舵者是威廉·湯瑪士·特納（William Thomas Turner）船長，航海界資歷數一數二的水手——面容嚴肅、五十八歲，擁有「銀行保險櫃般的體格」，航海生涯中所受褒揚不勝枚舉。[2]

船隻橫渡大西洋，歷經五個安然無恙的日子。但在五月六日，正當龐大的船身向愛爾蘭的海岸推進之時，特納船長接獲德國潛艇（又稱U型潛艇）正在此區巡弋的消息。他隨即離開船長艙，待在船橋掃視海面，以便迅速做出決定。

五月七日，星期五，早上，客輪離岸邊僅一百英里之遙，一片濃霧籠罩船身，所以特納船長將航速從二十一節降到十五節。但在正午時分，濃霧已經散去，特納船長可以望見遠處的海岸線。天空一片晴朗，海面平靜無波。

然而，下午一點，在船長和船員毫不知情的狀況下，德國U型潛艇指揮官瓦爾特·施維格（Walther Schwieger）探查到這艘客輪。而且接下來的一個小時之間，特納船長做出兩個令人費解的決定。首先，他將航速略微調高到十八節；儘管能見度良好、海象平穩，他也明白可能有潛水艇埋伏，卻沒有將航速調到這艘客輪的最高航速二十一節。航行途中，他曾經向乘客保證會以高速行駛船隻，因為這艘遠洋客輪的最高航速，能夠輕而易舉贏過任何潛水艇。其次，下午一點四十五分的時候，特納船長用「四點方位法」估算船隻的所在位置，在這項調度上花了四十分鐘；但是，如果採用比較簡單的做法，只要花五分鐘即可。由於四點方位法的關係，特納必須讓客輪直線行駛，無法以 Z 字形迂迴前進，而後者是閃躲 U 型潛艇和避開 U 型潛艇魚雷的最佳前進方式。

下午兩點十分，德國魚雷猛力射穿右舷，船身開了一個巨大破洞。海水噴濺，如雨水般灑落位於甲板的脆弱設備和船體零件上。幾分鐘後，其中一間鍋爐艙淹水了，接著又淹了一間。特納遭受撞擊，落入海中，乘客尖叫，忙著奔向救生艇。然後，遭受攻擊才過了十八分鐘而已，船身已經傾斜，開始下沉。

看見自己造成的災難後，潛艇指揮官施維格將潛艇駛出水面。他把盧西塔尼亞號（Lusitania）擊沉了。

在此次攻擊事件中，將近一千兩百人喪命。其中，一百四十一名登船的美國公民，有一百二十三人因此罹難，第一次世界大戰因為此次事件而戰火升溫，海戰規則也隨之更改，進而促使美國加入戰局。可是，一百年前的那個五月下午究竟發生什麼事，至今依舊謎團未解。在攻擊事件發生後，旋即展開兩次調查，但結果卻無法令人滿意。英國官員為了不洩漏軍事機密而終止第一次調查。第二次調查的主導者是約翰·查爾斯·畢格姆（John Charles Bigham）——英國法學家，人稱默西勳爵（Lord Mersey），鐵達尼號船難也由他調查——結果顯示,特納船長和輪船公司並無任何疏失。儘管如此,聽證會結束後數日,默西勳爵便退出此案並拒絕支薪。他表示:「盧西塔尼亞號一案髒得不得了!」[3] 過去這一百年來,記者鑽研剪報和乘客日記,潛水員探勘船骸尋找真相的蛛絲馬跡。作家和電影人不斷撰寫、拍攝疑雲重重的書籍和紀錄片。

英國是否刻意將盧西塔尼亞號置於險境,甚至密謀使其沉船,好將美國牽扯進戰局當中?這艘載了一些小型軍火的客輪,實際上是否用來運輸一批強大的軍火,因應英國的戰事需求?英國海軍最高指揮將領——四十歲的邱吉爾——是否或多或少牽涉其中?在攻擊事件中生還的特納船長,是否只是聽命於更有權勢的人,如某一名生還乘客所言,是個「招致災難的蠢蛋」?抑或如其他人所聲稱,當時他突然輕微中風,影響了判斷力?審訊和調查至今並未公布完整紀錄,是否遭到鋪天蓋地的掩飾?[4]

沒有人知道得一清二楚。經過一百多年來,各種調查報告、歷史分析和直觀猜測,都未能得出確切答案。但也許有個大家都未曾想過的簡單解釋。也許,從二十一世紀行為生物學的嶄新視角來看,這場海軍史上無可避免的災難,成因並沒有那般陰險。也許特納船長只是做出糟糕的決定而已。而且,這些決定之所以糟糕,是因為他做決定的時間在下午。

這是一本探討時機的書。我們都知道時機就是一切,問題在於我們對時機本身所知不多。我們的一生當中，存在著一連串永無止境、與「時機」相關的決定——什麼時候轉職、宣布壞消息、安排課程、結束婚姻關係、出門跑步、全心投入專案或步入穩定關係。但這些決定，大多出自直覺和猜測所構成的迷霧沼塘。我們相信，時機，是種藝術。

我會展示時機確實是一門科學，其中包含大量面向多元、橫跨諸多領域的新興研究，為人類的境況提供新穎見解，引領我們用更有智慧的方式工作，過上更美好的生活。走進任何一間書店或圖書館，你都能看見有個書架（或十二個書架）上堆滿教人**怎麼**做各種事情的書籍，從成功交朋友、影響他人到一個月學會菲律賓泰加洛語（Tagalog）都有。這些書籍產量多到有必要自己成立一個類別，泛稱「how-to」（怎麼）做事的指南書。不妨將本書想成一個新的類別——「when-to」（什麼時候）做事的指南書。

這兩年來，兩位不屈不撓的研究者和我一起閱讀、分析超過七百份研究，領域涉及經濟學、麻醉學、人類學、內分泌學、時間生物學（生物鐘學）、社會心理學，藉此挖掘尚未為人知曉的**時機科學**。在接下來的三百頁當中，我將透過這項研究，檢視人們一生當中會遇到卻經常無法看清的問題。為什麼**開端**——無論我們是剛開始就發展很快，還是從開頭就錯了——會如此重要？當我們從起跑器出發的時候跑得跌跌撞撞，又要怎麼重新來過？為什麼來到**中段**——包括計畫、比賽，甚至人生——有時會使人意志消沉，其他時候卻令人奮發向上？為什麼**結束**能讓我們獲得能量，在邁向終點時跨出更大的步伐，同時又鼓勵我們放慢腳步、追尋意義？不管是設計軟體，還是在合唱團裡唱歌，我們要怎麼用正確的節奏跟其他人同步做事？為什麼有些學校的課程表有礙學習，但用某些休息方式卻能提升學生的考試成績？為什麼思考過去會使人出現某種行為模式，而思考未來卻將我們導引至另外一種不同的方向？除此之外，歸根究柢，我們要怎麼建立能將時機這個無形力量納入考量的組織、學校和人生——呼應邁爾士・戴維斯（Miles Davis）所說的「時間並非主要之事，而是一切」？

本書廣納各門學科，你將在書中讀到大量研究資料，這些研究全部列在注釋當中，以利深入探索（或檢視我的研究）。但這也是一本實用書籍，在每個章節的末尾，都有我稱為「時間駭客指南」（Time Hacker's Handbook）的部分，蒐羅各種工具、習題和祕訣，幫助你將洞見化為實際行動。

那麼，要從哪裡開始呢？

我們的探究從時間本身開始。研究時間的歷史——從古埃及的第一個日晷，到歐洲十六世紀的早期機械時鐘，再到十九世紀出現的時區制——你很快就會發現，許多我們以為「自然的」時間單位，其實是由我們的祖先所設下的圍欄，作用在於掌握時間。周、時、秒都是人類的發明。唯有劃定範圍，如史學家丹尼爾・布爾斯廷（Daniel Boorstin）所記述，「人類才能從大自然周期循環的單調中解脫」。[5]

　　但有一種時間單位依然不在我們的掌控範圍之內，那就是布爾斯廷所謂「單調循環」的縮影。我們居住的星球，以穩定的速度和規律的模式，在自己的軸上轉動著，使我們受到日夜定期交替的作用所影響。我們將地球自轉一圈稱為「一天」。一天也許是我們用來區分、配置和衡量時間最為重要的方法。因此，我們在本書的第一部，就從這個地方展開對時機的探索。科學家對一天的節律有哪些了解？我們要怎麼運用這些知識，來改善績效、促進健康、加深滿足感？還有為什麼，就像特納船長的例子那樣，我們永遠不該在下午做出重大決定？

第 1 部

一天

1

日常生活的隱藏模式

人每天都在做的，就是不知道自己在做什麼！
——莎士比亞，《無事生非》

如果你想找一個夠大、可以套住地球的心情戒指，來衡量這個世界的情緒狀態，你做得不會比推特（Twitter）好。有推特帳號的人將近十億，每一秒張貼大約六千則推特貼文。[1] 這些迷你訊息——人們說的內容，以及他們說的方式——總量構成一片資料汪洋，供社會科學家在裡面穿梭巡弋，藉以了解人類的行為。

幾年前，兩位康乃爾大學社會學家——麥可・梅西（Michael Macy）和史考特・高德（Scott Golder）——研究了兩年當中，由八十四國、兩百四十萬名用戶所張貼的五億則推特貼文。他們希望利用這個寶貴的資料庫，來衡量人們的情緒——尤其是，「正向情感」（positive affect，如熱情、信心、機警等情緒）和「負向情感」（negative affect，如憤怒、消沉、愧疚等情緒）如何隨時間產生變化。想當然耳，研究人員沒有一則一則讀完那五億則推特貼文。他們把貼文丟進一個應用廣泛的強大文字分析電腦運算程式裡。這個程式叫做「LIWC」（Linguistic Inquiry and Word Count，語文探索與字詞計算），能夠評估每一個字傳達的情緒。

　　梅西和高德的發現刊登在聲譽卓著的《科學》期刊中，他們發現，人在清醒的時候有個非常一致的模式。一般而言，正向情感（顯示推文者感覺積極、投入、充滿希望的語言）會在上午攀升，下午急遽下降，傍晚再度回升。不論推文者是北美人士、亞洲人士、穆斯林、無神論者、黑人、白人或棕色皮膚的人都沒有分別。他們寫道：「類似的時間作用模式，橫跨迥然不同的文化與地理位置。」在星期一或星期四張貼推文也不會產生影響，基本上周間的日子是一樣的，周末則會造成些許差異。正向情感通常會在星期六和星期日稍高一些——上午的高峰期，開始時間大約比周間晚兩個小時——但整體曲線仍然相同。[2] 不管是在美國這一類多元化的大型國家，還是阿拉伯聯合大公國這一類同質性較高、規模較小的國家，這種日常模式依舊有著奇怪的相似狀態。看起來像這樣：

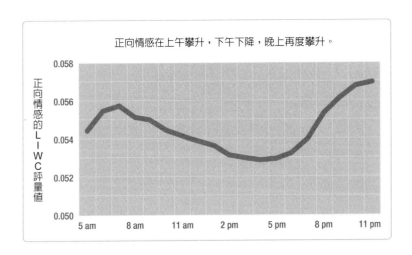

正向情感在上午攀升，下午下降，晚上再度攀升。

這個相同的日常波動──形成高峰、低谷，並再度回升──橫跨不同的洲別和時區，跟海洋的潮汐一樣可以預測。在我們日常生活的表面下，有個隱藏模式──不僅具決定性，且出人意料，又發人深省。

了解這個模式的起源為何、意義何在，要從一種盆栽植物談起──確切來說是含羞草──這盆植物掛在十八世紀法國某一間辦公室的窗臺上。這間辦公室和這盆植物，都歸當代著名法國天文學家迪梅倫（Jean-Jacques d'Ortous de Mairan）所有。一七二九年某個夏日傍晚，迪梅倫坐在書桌後面，做著十八世紀法國天文學家和二十一世紀美國作家有要務待完成時都會做的事情：盯著窗外看。隨著夜暮降臨，迪梅倫注意到窗臺這盆植物的葉片閉了起來。那天稍早，陽光從窗戶流瀉進來的時候，含羞草的葉片是舒展開來的狀態。葉片在晴朗的早晨舒展，在黑夜逼近時收攏的這個模式，令人困惑。這棵植物是怎麼感受周遭環境的？還有，如果打亂光亮和黑暗的模式，又會發生什麼事情？

於是，迪梅倫做了一件不務正業卻會產生歷史意義的事，他將盆栽從窗臺移走，放進櫃子裡，並將櫃門關起，不讓光線透進去。隔天早上，他打開櫃子檢查盆栽——天哪！——儘管完全處在黑暗之中，葉片依然舒展開來。接著，迪梅倫繼續研究了幾個星期，他用黑色窗簾遮住窗戶，連一絲光線都無法透進這間辦公室。模式依然不曾改變。含羞草的葉片在早晨展開、傍晚合起。這棵植物不是對外在光線起變化，它遵守的是自己的內在時鐘。[3]

自從迪梅倫在將近三百年前發現這件事情開始，科學家研究出，幾乎所有生命體——從潛居池塘的單細胞有機體，到駕駛廂型車的多細胞有機體——都有生理時鐘。這些內建的計時器在正常運作中扮演要角。它們管理各式各樣的「晝夜節律」（circadian rhythms，詞源為拉丁文的circa〔大約〕和diem〔一天〕），所有生物的生活基調都是由這個節律所制定（實際上，從迪梅倫的盆栽植物開始，最終萌生一整門新興的生物節律科學，稱為時間生物學）。

對你我來說，這個生理上的大笨鐘是視交叉上核，又稱「SCN」（suprachiasmatic nucleus），它是由大約兩萬個細胞所構成的叢集，大小如同一顆米粒，位於腦部低階中樞的下視丘內。視交叉上核控制我們的體溫是上升還是下降，調節我們的賀爾蒙，幫助我們在夜晚入睡、早晨清醒。視交叉上核的每日計時器，運作時間比地球自轉一周來得要久一些——大約二十四小時又十一分鐘。[4] 所以我們的內建時鐘會利用社會線索（辦公室行事曆、公車時間表）和環境訊號（日出、日落）來進行微調，使內在和外在的周期循環能夠或多或少達成同步，這個過程稱為「節律同步」（entrainment）。

結果就是，人類和迪梅倫窗臺上的那棵植物一樣，會在象徵意義上，每一天按照固定的時間「開合」。這種模式並非在每個人身上都一模一樣——就像我的血壓和脈搏和你的不會完全相同，甚至不會和我自己二十年前一樣，也不會和現在起二十年後一樣。但概略輪廓極為相似，而且不同之處能夠預測得到。

剛開始，時間生物學家和其他研究人員檢視人體的生理機能，例如褪黑激素分泌和新陳代謝反應，但研究範圍現在已經擴及情緒和行為舉止。他們的研究揭示，我們的感受和行為表現，存在某些以時間為基礎、出人意表的模式，這些模式能反過來指引我們安排日常生活。

心情起伏與股票波動

前述研究中的上億則推特貼文數量之多，仍無法提供絕佳管道，供我們一窺日常生活的精髓。雖然其他利用推特來衡量心情的研究,得出的模式與梅西和高德的發現大同小異,但在媒材和研究方法上都受到限制。[5] 人們經常利用社群媒體向世界展現理想面貌,可能會掩蓋他們的真實(抑或較不理想的)情緒。除此之外,為了詮釋大量資料而不得不使用的工業級分析工具,無法每次都辨識出反諷、譏嘲和其他隱微的人類花招。

所幸,行為科學家還有其他方法了解我們的思考和感受,其中一種特別適合用來描繪感受的時刻變化,叫做「一日經驗重建法」(Day Reconstruction Method, DRM),由五名研究人員所創建,包括諾貝爾經濟學獎得主丹尼爾·康納曼(Daniel Kahneman),以及在歐巴馬執政時期擔任白宮經濟顧問委員會主席的艾倫·克魯格(Alan Krueger)。進行一日經驗重建法的時候,參與者要重建前一天的經歷——按照時間順序記錄他們所做的每一件事,以及做這件事的時候有何感受。舉例來說,以一日經驗重建法進行的研究顯示,在任何一天當中,人們總在通勤時段最不開心,在卿卿我我的時候最快樂。[6]

二〇〇六年,康納曼、克魯格和他們的團隊利用一日經驗重建法來衡量「一項經常遭到忽略的情感特質:一天當中的情感節律性」。他們要求九百多名美國女性——混合種族、年齡、家庭收入與教育程度——將前一天想成「電影裡的一系列連續場景或片段」,每段區間在十五分鐘到兩個小時之間。再來,由這些女性敘述她們在每個片段做的事情,並且從一張列了十二個形容詞（快樂、沮喪、自得其樂、惱怒等）的清單中，選擇合適字眼用來描述那段時間的情緒。

研究人員計算數據後，發現一天當中存在「具一致性且態勢強勁的雙峰模式」（有兩個高峰）。這些女性的正向情感在上午時刻攀升，大約正午時分達到「最佳情緒位置」。之後她們的好心情快速下墜，整個下午都維持在低點，一直到傍晚才回升。[7]

舉個例子，以下是三種正向情緒（快樂、熱情、自得其樂）的圖表（縱軸表示參與者的心情評量分數，愈高代表愈正向，愈低代表愈不正向。橫軸顯示一天當中的時間推移，從早上七點到晚上九點為止）。

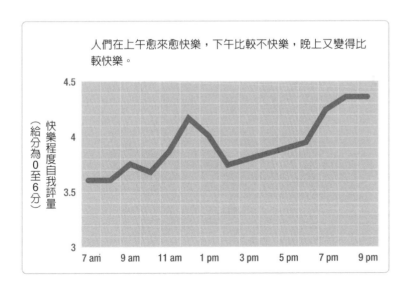

人們在上午愈來愈快樂，下午比較不快樂，晚上又變得比較快樂。

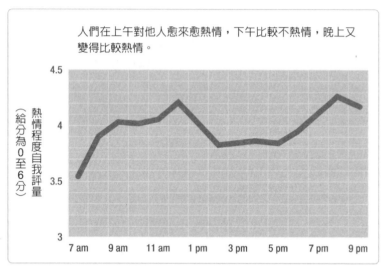

人們在上午對他人愈來愈熱情，下午比較不熱情，晚上又變得比較熱情。

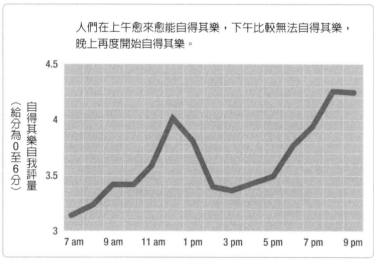

人們在上午愈來愈能自得其樂，下午比較無法自得其樂，晚上再度開始自得其樂。

　　這三張圖表顯然並非一模一樣，但都具有相同的基本形狀。除此之外，這個形狀——以及在一天當中所呈現出來的周期——和第33頁的圖形非常相像：初期高峰、大幅滑落，隨後恢復。

　　人類情緒這種難以捉摸的議題，沒有一項研究或方法能夠斷然論定。這項以一日經驗重建法進行的研究，對象僅限於女性，而且**事物**和**時間**兩者難以清楚劃分。中午能夠「自得其樂」而下午五點分數較低的其中一個原因在於，我們的傾向是喜歡社交（人們大約在午餐時間這麼做），討厭應付交通狀況（通常發生在傍晚時分）。儘管如此，這個模式如此規律，反覆出現如此多次，很難教人不注意到。

　　目前為止，我只敘述了一日經驗重建法研究在正向情感方面的發現。**負面**情緒（感覺沮喪、擔憂、困擾）的起伏沒有這麼明顯，但一般來說呈現相反模式——在下午上升，並在一天將要結束時下降。但是當研究人員將這兩種情緒結合的時候，作用就特別明顯。下圖說明的內容，可以看成「好心情淨值」，是用每小時的快樂分數減掉沮喪分數所算出來的。

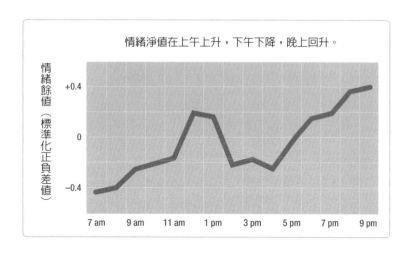

情緒淨值在上午上升,下午下降,晚上回升。

又一次,出現高峰、低谷和回升。

心情是內在狀態,但會產生外在影響。儘管我們也許會試著隱藏情緒,但情緒終究還是會洩漏出去——進而促使他人對我們的言行做出反應。

這令人不得不想到湯品罐頭。

假如你曾經為了午餐煮過一碗番茄奶油湯,道格·科南特(Doug Conant)可能是導致你這麼做的原因。二〇〇一年至二〇一一年,科南特在金寶湯公司(Campbell Soup Company)擔任執行長。他在任期內,讓這間公司起死回生並且再次穩定成長。科南特和所有執行長一樣身兼多職。但有一項工作他用特別平和、沉著的態度來應對,就是稱為「季度盈餘電話會議」的企業生命儀式。

每三個月，科南特和二到三名助手（通常是公司的財務長、管理者和投資人關係部門主管）會走進位於紐澤西州肯頓金寶湯總部的一間會議室。大家沿著長方形會議桌坐下。在這張桌子的中央擺著一個擴音器，為一個小時的電話會議設置好場景。在擴音器的另一端是大約一百名的投資人、記者，以及最重要的——股票分析師（評估一間公司的優勢和劣勢是他們的工作）。在前半個小時當中，科南特會報告金寶湯的上季營收、開支和利潤。後半個小時，這些高階主管會回答分析師提出的問題——分析師的目的在尋找蛛絲馬跡，了解這間公司的績效。

對金寶湯和所有上市公司來說，舉行盈餘電話會議的代價很高。執行長的意見令分析師對公司的前景感到樂觀或悲觀，他們的反應能使股價飆漲，也能使股價暴跌。科南特告訴我：「你必須在危機四伏的情況中努力求取平衡。你要負起責任、不偏不倚、報告事實，但你也有機會為公司奮戰、澄清事實。」科南特表示，他的目標始終都是「從不穩定的市場中排除不確定的因子。對我來說，這些電話會議為我和投資者的關係，帶來有節律的確定感」。

執行長當然也是人，想必會跟我們一樣，受日常心情變化所影響。但執行長也是一群中堅分子。他們意志堅定、注重策略。他們知道自己在電話會議中吐露的每個音節都關係著上百萬美元，所以他們來到這些與人短暫接觸的場合，會表現從容並做足準備。電話會議的召開**時間**，自然不能造成任何差別——對執行長的績效和公司的財富來說都是如此。

有三位美國商學院教授決心查明真相。在這類研究中，最早的一項研究利用和推特研究類似的語言運算法，分析六年半之間、由兩千一百多間上市公司所舉行的兩萬六千多場盈餘電話會議。他們檢視一天當中的時間，是否會影響這些關鍵對話的情緒變化過程——甚或進一步影響公司的股價。

一早就召開電話會議的結果相當樂觀、正向。但是隨著一天逐漸展開，「調性愈來愈負面、愈來愈不果斷」。在午餐時間左右，心情稍微提振一些，幾位教授推測，或許是因為電話會議的與會人士，為心理和情緒上的電池重新充過電的緣故。可是到了下午，負面情緒再度加深，要到敲下收市鐘心情才會恢復。除此之外，「即便控制某些因素，例如產業規範、財務困境、成長機會，以及公司發布的新聞」，這個模式依然維持不變。[8] 換句話說，即使研究人員考量的因素是經濟消息（中國發展趨緩，不利公司出口）或公司基本面（某間公司公布慘烈的季盈餘），比起上午的電話會議，下午召開的電話會議「比較負面、急躁和易生爭端」。[9]

也許對投資人而言，更重要的尤其是，電話會議的召開時機和隨之產生的心情，會影響到公司的股價。股票隨負面調性應聲跌價，即便事後依照實際消息好壞調整，依然如此，這「導致在一天中較晚時段召開盈餘電話會議的公司，會出現暫時性的股價錯估」。

儘管股價最終會自行校準，這些結果卻值得注意。如研究人員所言：「電話會議的參與者幾乎呈現出理想**經濟人**（homo economicus）的樣子。」分析師和高階主管都明白其中的利害關係。聆聽報告的不只是電話會議的參與者，而是整個市場。用字錯誤、回答不當或回應不具說服力，可能會使股價嚴重下跌，危及公司的前景和高階主管的薪酬。這些非成功不可的商業人士，有充分動機做出理性的行動，我確定他們相信自己正是如此。但經濟理性比不上在數百萬年演化中形成的生理時鐘。即使是「富有經驗的經濟個體，在具有強烈動機的實際情境中行動，從事專業工作的時候，仍然會受一日節律影響」。[10]

　　研究人員表示這些發現牽連甚廣。研究結果「顯示出，整個經濟體中，所有員工階級和公司行號的企業溝通、決策制定和績效，都存在一種相當普遍的現象」。這項結果如此顯著，使得論文作者們做出學術論文鮮少做出的事：提出實際、具體的建議。

　　「從我們的研究中，企業高階主管應記取〔一項〕重點，就是和投資者溝通，或是制定其他關鍵管理決策、從事其他協商活動，應該在一天當中較早的時段進行。」[11]

　　我們這些其他的人，是不是也該聽取這項忠告？（實際上，金寶湯公司通常在早上召開盈餘電話會議。）我們的心情會以規律的模式循環，而且在幾乎無法察覺的情況下，影響著企業高階主管的工作方法。既然如此，我們這些還沒爬上「長」字輩高位的人，是不是該將我們的日程提前，在早上處理重要工作呢？

答案既是肯定的，也是否定的。

警覺、抑制，以及高績效的日常祕訣

看看琳達吧，她今年三十一歲，單身，個性坦率，非常開朗。大學時期，琳達主修哲學，她是一名極度關心歧視和社會正義的學生，還參加過反核示威活動。

在我進一步介紹琳達之前，讓我問大家一個關於琳達的問題，你覺得哪一個敘述的可能性比較高？

A、琳達是一名銀行出納員。

B、琳達是一名銀行出納員，而且積極參與女性主義運動。

被問到這個問題的時候，大部分的人會回答「B」。從直覺上來看很有道理吧？追求正義、反核的哲學系學生？聽起來絕對是個活躍的女性主義者。不過「A」才是——而且絕對是——正確的回答。答案並不重要，琳達是虛構的人物，見解也因人而異，這純粹是邏輯的問題。「銀行出納員同時又是女性主義者」——就跟「銀行出納員會唱約德爾調（yodel）或討厭芫荽」一樣——是「銀行出納員」的**子集**，子集永遠不會大過其所屬的完整集合*。一九八三年，諾貝爾獎得主暨一日經驗重建法架構發明者康納曼，以及晚期和他一起從事研究的學者阿莫斯・特沃斯基（Amos Tversky），提出「琳達問題」，說明所謂的「連結謬誤」（conjunction fallacy）；我們推理出錯的形式很多，這是其中一種。[12]

當研究人員在一天當中不同的時間提出「琳達問題」——例如，一項知名的實驗分別在上午九點和晚上八點提問——通常能按照時間點，來預測受試者會答對，還是踩到認知上的香蕉皮而滑一跤。比起晚間，人們在比較早的時間，答對機率高出許多。研究發現有個令人好奇而且重要的例外狀況（我很快就會討論這點）。但是，跟電話會議中的高階主管一樣，一天剛開始的時候表現通常非常好，之後會隨著時間推移而愈來愈差。[13]

刻板印象也有相同的模式。研究人員要求其他受試者評估一名虛構的刑事被告人是否有罪。所有「陪審員」都閱讀相同的事證資料，但一半的人看到被告人名字叫「羅伯特・賈納」（Robert Garner），另一半的人則看到被告的名字叫「羅貝托・賈西亞」（Roberto Garcia）**。當他們在早上做出決定，這名被告是否有罪的判決並未出現差別。但是，當他

＊我們也可以用一點簡單的數學來加以說明。假定琳達是銀行出納員的機率為百分之二（2%）。就算她是女性主義者的機率超高，有百分之九十九（99%）好了。那她同時是銀行出納員和女性主義者的可能性，是百分之一・九八（2% x 99%）——低於百分之二。

＊＊譯注：可以從「Roberto Garcia」這個名字看出是拉丁裔。

們在一天較晚的時間做出判決，便大幅傾向於認定賈西亞有罪，而賈納是清白的。理性評估證據後，結果顯示，以這一組受試者來說，心智在早上比較敏銳。而且，參考刻板印象所顯示的證據能夠看出，頭腦不清會隨著一天的展開而加深程度。[14]

科學家評估一天中不同時間對腦力的影響，歷史超過一個世紀。身為先驅的德國心理學家赫爾曼・艾賓豪斯（Hermann Ebbinghaus）進行實驗，顯示出，比起晚上，人們在白天比較能有效學習和記憶一連串無意義的音節。從那時起，研究人員便為了探究各種心智活動，而持續進行這項調查——並且得出三點重要結論。

第一，在一天逐漸展開的過程當中，我們的認知能力並非保持在靜止狀態。在十六個小時左右的清醒時間內，認知會發生變化——方式通常具有規律而且能夠加以預測。我們在一天當中的某些時刻，會比其他時刻來得更聰明、快速、富有創造力，或是比較駑鈍、遲緩、不具創造力。

第二，這些日間波動比我們所意識到的還要劇烈。牛津大學神經科學家暨時間生物學家羅素・佛斯特（Russell Foster）表示：「每日高峰與每日低谷的表現變化，有可能相當於喝下合法飲酒量對表現造成的差異。」[15] 已經有其他研究顯示，時刻效應可以解釋人類在進行認知活動時，百分之二十的表現差異。[16]

第三，我們的表現取決於我們正在做的是什麼。英國心理學家西蒙・佛卡德（Simon Folkard）表示：「這些研究所得出的主要結論或許是，進行某項特定任務的最佳時間，取決於任務的性質。」

「琳達問題」是一項分析任務。這個問題的確不容易答，但回答並不需要任何特別的創造力或機智，而且只有一個正確答案——你可以憑邏輯得出答案。有大量證據顯示，成年人在早上進行這類任務時表現最好。我們醒來的時候，體溫會以緩慢的速度升高。這種體溫上升的情形，會逐漸提高我們的精力和機警程度，進而加強我們的執行能力、專注力和推論能力。對我們大部分的人來說，這類藉由敏銳頭腦進行分析的能力，會在近午時分或正午左右達到巔峰。[17]

其中一個原因是，我們的心智在早上比較機警。在琳達問題中，琳達的大學經驗刻意經過加油添醋，作用是令人分心，和解開問題這件事本身並無關聯。當我們的心智處在機警的模式下（通常是在早上），我們能將這種令人分心的因素擋在理智的大門之外。

但機警是有限度的。連續站哨一個小時不休息，我們的心智看守員會逐漸疲累，他們會溜出去抽根菸或趁小解的時候休息一下。當他們離開的時候，攪局者——鬆散的邏輯、危險的刻板印象、不相干的資訊——會悄悄溜進來。在早上攀升，並在正午左右達到巔峰的機警和精力程度，容易在下午時段急遽滑落。[18] 這種滑落的情形發生時，我們保持專注的能力會隨之下滑，並且壓抑我們的抑制反應。我們的分析能力——如同某些種類的植物——會關起來。

這些影響可能非常巨大,卻經常不在我們的理解範圍內。舉個例子,丹麥的學生就跟世界各地的學生一樣,每年都要接受一系列標準化的測驗,來評估他們的學習情形,以及學校的教學狀況。丹麥學生用電腦參加測驗。但在每間學校,個人電腦的數量都少於學生的人數,所以學生無法同一時間參加測驗。因此,測驗的時間點如何決定,取決於課程中的各種變因,以及學校能夠提供的電腦機臺。有些學生在早上參加測驗,有些則在一天當中較晚的時段參加測驗。

哈佛大學的法蘭西絲卡·吉諾(Francesca Gino)和兩位丹麥研究人員檢視了四年當中、兩百萬名丹麥學童的考試結果,並將考試分數拿來和學生參加考試的時間相互對照。他們發現一項有趣,卻可能令人不安的關聯性。早上考試的學生比下午考試的人成績高。確切來說,施行測驗的時間每差一小時,成績就會略微下降一些。其中所造成的差異,好比擁有收入略低或教育程度略差的父母,或是一個學年當中缺課兩個星期。[19] 時機並非影響一切的因素,但極為重要。

美國也有相同的情形。芝加哥大學經濟學家諾蘭·波普(Nolan Pope)檢視兩百萬名洛杉磯學生的標準化測驗分數和班級成績。不論學校實際上幾點開始上學,「在上學日的頭兩節課,而非最後兩節課參加數學測驗,學生的數學學業成績平均點數(GPA)會提高」,他們在加州州考中拿到的分數也會比較高。雖然波普表示,發生這種現象的原因並不明確，但是「結果傾向於顯示，學生在上學日的前段時間比較具有生產力，數學科尤其如此」，而且學校「只要透過簡單調整測驗施行時間」，就能促進學習。[20]

但是，要重新安排自己的工作表，把重要工作通通塞在午餐之前，你得先當心點。並非所有腦力活都是一樣的。為了說明這點，以下是另一項突襲測驗。

厄內斯托是一名古董錢幣商人。某日，有人帶來一枚美麗的青銅幣。這枚錢幣一面是國王頭像，另一面鑄有西元前五四四年的日期。厄內斯托仔細檢查錢幣——但他沒有買下來，而是叫了警察。為什麼？

社會科學家將此稱之為「頓悟問題」（insight problem）。透過有條不紊的演算法進行推理，無法產生正確答案。遇到頓悟問題時，一般來說人們會先採取有系統、按部就班的方法。但他們終究會進入撞牆期。有的人舉手投降，有的人則說服自己無法攀爬過去，也無法破牆而出。但其餘的人，感受困境和挫折，最後體驗到所謂的「靈光乍現」——啊哈！——幫助他們以新的角度審視各項事實。他們將問題重新分類，並且馬上發現解答。

（還被困在錢幣之謎裡面嗎？答案會讓你拍拍自己的頭。錢幣上的日期是西元前五四四年，也就是耶穌基督誕生前五百四十四年。當時不可能使用「西元前」這個名稱，因為耶穌基督還沒出生——想當然，沒有人知道祂會在五百多年後出生。這枚錢幣顯然是偽造的。）

馬利克・維斯（Mareike Wieth）和羅斯・札克斯（Rose Zacks）這兩位美國心理學家，拿這一道以及其他頓悟問題，來考一群聲稱自己在早上思考能力最強的人。研究人員讓一半的人在上午八點半至九點半之間接受測驗，另一半人在下午四點半至五點半之間接受測驗。比較擅長在早上思考的人，比較容易答出錢幣問題的時間是在……下午。維斯和札克斯發現：「並非在自己最佳時段解題的受試者……比在最佳時段解題的受試者還要順利。」[21]

這是怎麼回事？

這個問題要回到替我們看守認知城堡的守衛身上。就大部分的人來說，早上的時候守衛正在戒備，準備驅逐所有入侵者。這種警覺性——通常稱為「抑制控制」（inhibitory control）——能透過阻擋分心因素，來幫助大腦解決分析問題。[22] 但頓悟問題不一樣，需要**降低**機警程度，**減少**抑制作用。守衛不在的時候，比較有可能出現那樣的「靈光乍現」。在這種鬆散的時刻，來一點分心因素能幫助我們看出，篩網較細時可能會錯過的連結。就分析問題而言，缺乏抑制控制是種缺陷；就頓悟問題而言，這是要角。

有人將這種現象稱為「靈感矛盾」（inspiration paradox），概念是「當我們不在最佳狀態的時候，創新和創意能力最強，至少會和我們的晝夜節律有關」。[23] 正如丹麥和洛杉磯的研究顯示，學生在早上學習數學等分析類型的科目比較順利，維斯和札克斯也表示，他們的研究「指出，比起一天當中的最佳時段，正在設計課程表的學生可能會在非最佳時段，在藝術、創意寫作等課堂中發揮出最佳表現」。[24]

簡而言之，我們的心情和表現會在一天當中起伏擺盪。對我們大部分的人來說，心情變化有共通的模式：高峰、低谷、回升，繼而形成一種雙元模式。在早上的高峰期，大部分的人擅長解決琳達問題——需要敏捷、警覺、專注的分析工作。到了較晚的恢復期，大部分的人比較擅長錢幣問題——比較不需要抑制和決心的頓悟工作（適合正午低谷期的工作非常少，我會在下一章加以說明）。我們就像是迪梅倫那盆植栽的走動版本。我們的能力會隨著自己也無法掌控的時鐘而開啟和關上。

但你或許發現到，我的結論裡有一絲模稜兩可的地方。注意，我說的是「大部分的人」。這個一般模式中存在例外，在表現上尤其如此，而且是非常重要的一點。

想像你和另外三個認識的人站在一起。你們四人當中，也許有一個有機體，擁有不同的生理時鐘。

雲雀、貓頭鷹和第三種鳥

一八七九年，某一天，黎明前幾個小時，愛迪生在他位於門羅公園的實驗室裡坐著，仔細思考一個問題。他已經想通電燈泡的基本原理,但他還沒找到運作上成本低廉、時間持久的燈絲材質。他獨自一人待在實驗室裡(其他同事比較明智,已經回家睡覺了),心不在焉地拿了若干被煤燻黑的含碳物質,這種物質稱為黑煤煙,會留在那裡是因為另外一項實驗的關係。他開始用拇指和食指搓揉——十九世紀版的捏壓力球,或試圖讓迴紋針一次彈進碗狀容器裡。

然後愛迪生出現——大夥兒,抱歉了——頓悟時刻。

他在不經意的手指活動中,搓揉出一條細長的含碳物質,或許可以用來當做燈絲。他拿來測試,燃燒時既明亮又持久,問題解決了。於是現在我寫下這句話,而你或許正在一間房間裡頭閱讀,要不是有愛迪生的發明,這會是一間昏暗的房間。

愛迪生是一隻夜貓子。一位早期的傳記作家寫道:「相較於正午時刻,午夜更有可能在愛迪生的實驗室中找到他。」[25]

人類並非全都以一模一樣的方式體驗一天的生活。我們每一個人都屬於不同的「時型」(chronotype),這種晝夜節律的個人模式,會影響我們的生理和心理。在我們當中,愛迪生這一類的人屬於「夜晚型」,他們在日落之後清醒的時間很長、厭惡早晨,在下午過後或傍晚時分才會開始進入高峰期。我們其他人屬於「早晨型」,在白天輕鬆起床、感覺有活力,但到了夜晚便疲憊不堪。有些人是貓頭鷹,其他人則是雲雀。

你以前或許聽過雲雀和貓頭鷹，這是描述時型的簡易說法，可以將人類這個無羽物種的個性和傾向區分成兩種鳥類。但在現實中通常有更細微的變化，時型的實際情況也是如此。

一九七六年，有兩位科學家，一位瑞典籍一位英國籍，他們首度以系統化的方法測量人類的內在時鐘，發表一篇包含十九道問題的評估報告。數年之後，美國的瑪莎‧梅洛（Martha Merrow）和德國的提爾‧羅內伯格（Till Roenneberg）進行研究，這兩位時間生物學家發展出應用更廣的評估方法，也就是慕尼黑時型問卷調查（Munich Chronotype Questionnaire, MCTQ）——將人們的睡眠模式依照「工作日」（通常必須在特定的時間起床）和「閒暇日」（我們可以選擇起床的時間）加以區分。人們回答問題，進而得出分數。例如，我參加慕尼黑時型問卷調查的時候，落在最常出現的類別裡——「略偏早的類型」（slightly early type）。

不過，全世界最知名的時間生物學家羅內伯格，提供了更簡單的方法，可以決定一個人的時型。其實，你現在就可以進行判斷。

請思考你在閒暇日（不必在特定時間起床的日子）的行為舉止。現在，回答以下三個問題：

1、你通常幾點上床睡覺？

2、你通常幾點起床？

3、這兩個時間點的中間是什麼時候——換句話說，睡眠期的中間點是幾點？（例如，假設你通常在晚上十一點半左右睡覺，七點半起床，你的中間點就是三點半。）

接著，在下圖找出你落在哪個位置（這是我利用羅內伯格的研究，轉換得來的圖表）。

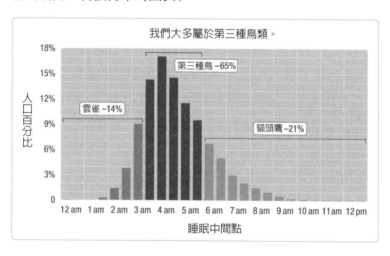

你很有可能不完全是雲雀，也不是十足的貓頭鷹，而是落在中間某個範圍——我稱此為「第三種鳥」。*羅內伯格和

---

*還有一個更簡單的方法。周末（或閒暇日）你都幾點起床？如果跟周間一樣，你可能是隻雲雀。如果略晚一些，你可能是第三種鳥。如果晚多了——超過九十分鐘以上——你可能是隻貓頭鷹。

其他人發現，「在一群限定的人口當中，睡眠和清醒時間幾乎呈現常態分配。」[26] 換句話說，如果你將人們的時型繪製成圖，結果會看起來像鐘型曲線。差別在於，從這張圖可以看出，極端的貓頭鷹多於極端的雲雀；即使在生理學上並非如此，但貓頭鷹在統計數據上拖著一道長尾巴。不過，多數人既非雲雀，亦非貓頭鷹。根據數十年來橫跨各洲的研究，我們之中有百分之六十至百分之八十的人屬於第三種鳥。[27] 羅內伯格表示：「就跟腳一樣，有的人生來腳大，有的人生來腳小，但多數人落在中間範圍。」[28]

時型在另外一個方面和雙腳一樣。我們無法改變腳的大小或形狀。基因對時型的變化至少占了一半因素，顯示出雲雀和貓頭鷹屬於天生，而非後天。[29] 實際上，出人意料的是，人的出生時間具有很大的影響力。在秋天和冬天出生的人比較有可能成為雲雀；春天或夏天出生的人比較有可能成為貓頭鷹。[30]

除了基因，影響時型最重要的因素是年齡。為人父母者都知道也會感嘆，小孩子一般來說都是雲雀。他們早早起床，一整天到處跑來跑去，但這個狀態不會久到超過傍晚。到了青春期左右，那些雲雀開始變身成貓頭鷹。他們較晚起床（至少閒暇日是如此），在下午過後和晚間開始有活力。有人估算，青少年的睡眠中間點落在上午六點，甚至上午七點，和多數高中的上學時間並不一致。他們在二十歲左右達到貓頭鷹巔峰期，然後會在餘生逐漸變回雲雀。[31] 男性和女性的時型也有差異，在前半生尤其如此。男性偏向夜晚型，女性偏向早晨型，但這種性別上的差異會在五十歲上下開始消失。羅內伯格指出：「平均而言，超過六十歲的人會變得比他們小時候的時型還要早。」[32]

簡而言之，念高中和大學那個年齡的人特別偏向貓頭鷹，就好比六十歲以上和十二歲以下的人特別偏向雲雀。一般而言，男性比女性更像貓頭鷹。但是，不論年齡或性別為何，大多數人既非極端的雲雀，亦非極端的貓頭鷹，而是第三種落在中間的鳥類。儘管如此，百分之二十至二十五左右的人口屬於純粹的夜型人——他們有特定的個性和一套行為舉止，在我們了解一天當中的隱藏模式時，必須加以考量。

我們從個性（包括社會科學家口中的「五大人格特質」〔Big Five〕：開放性〔openness〕、審慎度〔conscientiousness〕、外向性〔extraversion〕、親和力〔agreeableness〕、神經質〔neuroticism〕）開始說起。許多研究顯示，晨型人是和藹可親、具有生產力的一群人——「內向、審慎、親和、有毅力、情緒穩定」的女性和男性，會積極進取、壓抑可怕的衝動，並且未雨綢繆。[33] 晨型人的正向情感也比較豐沛——換句話說，許多這類人像雲雀般快樂。[34]

而貓頭鷹呈現出某種較為黑暗的特質。他們比雲雀開放和外向，但也比較神經質——通常是衝動、追求感官刺激、活在當下的快樂主義者。[35] 比起雲雀，他們比較會抽菸、喝酒、喝咖啡——更別提大麻、搖頭丸和古柯鹼了。[36] 他們也比較容易發生上癮現象，出現飲食失調，得糖尿病、憂鬱症和出軌。[37] 難怪他們不在白天露臉。也難怪老闆會認為早到的員工努力、能幹，給晚來的人比較低的績效評分。[38] 富蘭克林說得對：早睡早起，使人健康、富有、聰明。

說到這個嘛，並非絕對如此。學者檢驗富蘭克林的「智慧格言」後發現，「早起者產生優越品格這件事，沒有合理的解釋」。[39] 惡毒的貓頭鷹反倒傾向於展現較高的創造力，表現出比較優越的工作記憶，並且在研究所管理類入學測驗（Graduate Management Admission Test, GMAT）等智力測驗中，獲得較高的分數。[40] 他們甚至比較幽默。[41]

問題在於，我們的企業、政府、教育文化在設定上，針對的是百分之七十五或百分之八十雲雀型或屬於第三種鳥類的人。貓頭鷹就像左撇子，處在慣用右手的世界裡——被迫使用為其他人設計的剪刀、書桌和捕手手套。要劃分一天的節律，最後一塊拼圖就是他們的回應方式。

同步與一日三階段

讓我們回到琳達問題。根據基本邏輯，琳達**同時**身為銀行出納員**和**女性主義者的機率，小於她只是一名銀行出納員的機率。大多數人在早上八點，比在晚上八點容易解開琳達問題。但是有些人表現出**相反的**傾向，比起早上八點，他們在晚上八點比較能夠避免連結謬誤，並且得出正確答案。這些怪胎是誰？是貓頭鷹——夜晚型的人。貓頭鷹在模擬法庭上擔任陪審員的時候，情況也是如此。到了**較晚**的時段，早晨型和中間類型的人會憑刻板印象做出判斷——參考相同的罪證事實，但宣稱賈西亞有罪，而賈納是無辜的——貓頭鷹則出現相反的傾向。他們在**早上**憑刻板印象做出判斷，卻隨著時間推移而愈來愈警醒、公正、有邏輯。[42]

解開頓悟問題（例如，日期為西元前五四四年的錢幣一定是假幣）的能力，也有例外狀況。雲雀和第三種鳥在較晚的時段靈光乍現，此時他們處於不那麼理想的恢復階段，抑制能力已然衰退。但愛迪生這類貓頭鷹在早晨比較容易發現有假，這是**他們**沒那麼理想的時段。[43]

於是，最後一項重點在於，時型、任務、時間相互配合——社會科學家稱為「同步效應」（the synchrony effect）。[44]舉個例子，雖然晚上開車顯然比較危險，但貓頭鷹其實在早上開車開得比較差，因為早上和他們在機警方面的自然循環並不協調。[45]年輕人一般來說比年紀較大的人有更加鮮明的記憶。但如果將同步考量進去，許多以年齡為基礎的認知差異會削弱，有時則會消失。事實上有研究顯示，就處理記憶任務而言，老年人在早上使用的大腦區塊，和年輕人處理記憶任務的區塊相同，但中午過後則使用不同（而且效能較差）的區塊。[46]

同步甚至影響我們的道德行為。二〇一四年，兩名學者發現一種效應並將其稱為「早晨道德效應」（morning morality effect）；此效應顯示，比起中午過後，人們在早上比較不會說謊和偷雞摸狗。但後續研究發現，造成這個現象的原因，只是因為大部分的人屬於早晨型或中間時型，加入貓頭鷹的因素後，效應會出現更細微的變化。沒錯，早起的人表現出早晨道德效應，但夜行者貓頭鷹在晚上比在早上更有道德感。這些學者寫道：「比起只考慮時間，將個人的時型和一天當中的時間搭配起來，能就個人道德感提供更完整的預測因子。」[47]

總之，我們在一天當中都經歷三個階段：高峰、低谷、回升。而且，我們之中大約四分之三的人（雲雀和第三種鳥），是按照這個順序經歷一天。但四人當中大約會有一人——這些人因為基因或年齡的關係成為夜行的貓頭鷹——在經歷一天的時候，方式大概比較接近相反的順序：回升、低谷、高峰。

為了探究這個概念，我請同事——擔任研究員的卡麥隆・弗蘭奇（Cameron French）——分析一群藝術家、作家、發明家的一日節律。他的研究資料是一本了不起的書，書名叫《創作者的日常生活》（Daily Rituals: How Artists Work），由梅森・柯瑞（Mason Currey）所編輯，從珍・奧斯汀（Jane Austen）到傑克遜・波洛克（Jackson Pollock），到安東尼・特洛勒普（Anthony Trollope），再到童妮・摩里森（Toni Morrison），將一百六十一名創作者的每日工作和休息模式按照年份加以記錄。弗蘭奇閱讀他們的每日工作排程，將事項逐一編為「專心工作」、「無工作」或「輕鬆工作」——和高峰、低谷、回升的模式頗為類似。

舉例來說，作曲家柴可夫斯基通常會在早上七點到八點之間起床，接著閱讀、喝茶、散散步。九點半，他會坐到鋼琴邊，作幾個小時的曲。然後吃午餐休息，下午再散步一次（他相信走路對創意很重要，有時會走上兩個小時）。下午五點，他回到鋼琴邊，在晚上八點吃晚餐之前工作數小時。一百五十年後，作家喬伊斯·卡洛·奧茲（Joyce Carol Oates）用類似的節律工作。她「通常從早上八點或八點半開始寫作，到下午一點為止。然後她會吃午餐，讓自己在下午稍事休息，下午四點再回到工作崗位，直到七點左右吃晚餐為止」。[48] 柴可夫斯基和奧茲都是「高峰、低谷、回升」型的人。

其他創作者則依照不同的日常節奏進行。成年後大半生都住在母親家的小說家福樓拜，通常要到早上十點才會起床，之後花一小時沐浴、打扮、抽菸斗。十一點左右，「他加入家人，一起在餐廳吃遲來的早餐，這是他的早餐，也是午餐。」接著，他會教一下外甥女，大部分的下午時間都用來休息和閱讀。他會在晚上七點吃晚餐，然後，「他坐下來和母親聊天，直到晚上九點左右她上床睡覺為止。在那之後，他開始寫作。夜行貓頭鷹福樓拜的一天，以相反的方向推展——從恢復到低谷，再到高峰。[49]

　　將創作者的每日排程另外編目製表，列出每個人在什麼時間做什麼事情之後，弗蘭奇發現，我們得出一個可以預測的分布情形。大約百分之六十二的創作者遵循「高峰、低谷、恢復」模式——早上時專心工作，接著不太工作，然後用一陣較短的時間做負擔較輕的工作。大約百分之二十的樣本呈現相反的模式——早上的時候恢復，很晚的時候才開始辦正事，是福樓拜的風格。此外，大約百分之十八的人行事風格比較獨特或資料不足，因此落在這兩種模式之外。除去第三組人之後，情況仍然符合時型比例。每出現三個「高峰、低谷、回升」模式的人，就會出現一個「回升、低谷、高峰」模式的人。

　　所以，這對你而言代表什麼？

　　本章最後是六份「時間駭客指南」中的第一份，內容為將時機科學應用在日常生活中所需的策略、習慣和常規。但其中的要點其實很簡單。找出你的所屬時型，了解你的任務，再選出適當的時間。你的潛在日常模式是「高峰、低谷、回升」嗎？還是「回升、低谷、高峰」？接下來，想辦法同步。如果你對自己的時間排程掌控程度不高，試試看把比較重要的工作（通常需要警覺和清晰思考）排到高峰期，並把次要工作，或減少抑制力能產生助益的工作，挪到回升時段。不管你怎麼做，都不要讓瑣事偷偷溜進你的高峰期。

　　如果你是老闆，你要了解這兩種模式，讓底下的人善用高峰期。舉例來說，羅內伯格在一間德國汽車煉鋼廠進行實驗，透過安排工作時程，讓員工的時型符合他們的工作排程。結果是：生產力提高、壓力減少、工作滿意度提升。[50] 如果你是教育工作者，你要明白，時間的排定不可等量齊觀：仔細思考哪些課程、哪些工作該排在早上，哪些又該排在下午。

不論你是花時間生產汽車的人，還是花時間教育孩童的人，都同樣重要的一點在於要留心中間時段，也就是我們接下來要探討的低谷期；這個部分比我們所知道的，還要危險多了。

時間駭客指南

· 第 1 章 ·

如何找出你的日常時機：三階段法則

本章探討了隱藏在我們日常模式背後的科學。現在，有個簡單的三步驟技巧——稱為「時型、任務、時間法」——你可以運用這項科學，在做出時機決策時提供引導。

 第一步，決定你的時型；可以利用第53至54頁的三個問題，或者在網路上完成慕尼黑時型問卷調查（http://www.danpink.com/MCTQ）。

第二步，決定你要做的事情。這件事需要專心分析，還是憑空發生頓悟？（當然，並非所有任務都能在分析／頓悟的軸線上涇渭分明，所以你就直接決定吧。）想在工作面試中讓他人留下深刻印象的話，你知道多數面試官很有可能早上心情比較好嗎？還是你正在做決定（是否應該接下才應徵上的工作），在這種情形中你的時型會發揮決定性的影響？

第三步，參考下表，找出個人最佳時段

你的日常時機表

	雲雀	第三種鳥	貓頭鷹
分析任務	一大早	十點之前	下午過後／晚上
頓悟任務	下午過後／傍晚	下午過後／傍晚	早上
留下深刻印象	早上	早上	早上（貓頭鷹，抱歉了）
做出決策	一大早	十點之前	下午過後／晚上

舉例來說，如果你是正在擬訴狀的雲雀型律師，你應該要在一大早進行研究和撰寫。如果你是貓頭鷹型軟體工程

師，將次要任務挪到早上，並在下午過後開始進行最重要的工作，一直做到晚上。如果你要召開腦力激盪小組會議，請選擇下午過後，因為你的團隊成員大多數可能屬於第三種鳥類。只要你知道自己的時型和任務，就更容易找出適合的時間。

如何找出你的日常時機：進階版

請花一個星期的時間，以系統化的方式記錄你的一舉一動，取得更詳細的日常時機。設定手機鬧鈴，每九十分鐘響一次。每次你聽到鬧鈴，就回答下面三個問題：

1、你在做什麼？
2、從一到十分，你覺得現在心理上的警戒程度有多高？
3、從一到十分，你覺得現在生理上的活力程度有多高？

像這樣記錄一個星期，然後將結果製成圖表。你也許會發現，跟一般模式相比有一些個人差異。例如，你的低谷期可能發生在比某些人早的下午時段，或是你的恢復期可能開始得比較晚。

 為了記錄回答，你可以掃描、複印這幾頁，或從我的網站下載PDF檔（http://www.danpink.com/chapter1supplement）。

上午七點

我在做什麼：

心理警戒程度：1 2 3 4 5 6 7 8 9 10 無

生理活力程度：1 2 3 4 5 6 7 8 9 10 無

上午八點半

我在做什麼：

心理警戒程度：1 2 3 4 5 6 7 8 9 10 無

生理活力程度：1 2 3 4 5 6 7 8 9 10 無

上午十點

我在做什麼：

心理警戒程度：1 2 3 4 5 6 7 8 9 10 無

生理活力程度：1 2 3 4 5 6 7 8 9 10 無

上午十一點半

我在做什麼：

心理警戒程度：1 2 3 4 5 6 7 8 9 10 無

生理活力程度：1 2 3 4 5 6 7 8 9 10 無

下午一點

我在做什麼：

心理警戒程度：1 2 3 4 5 6 7 8 9 10 無

生理活力程度：1 2 3 4 5 6 7 8 9 10 無

下午兩點半

我在做什麼：

心理警戒程度：1 2 3 4 5 6 7 8 9 10 無

生理活力程度：1 2 3 4 5 6 7 8 9 10 無

下午四點

我在做什麼：

心理警戒程度：1 2 3 4 5 6 7 8 9 10 無

生理活力程度：1 2 3 4 5 6 7 8 9 10 無

下午五點半

我在做什麼：

心理警戒程度：1 2 3 4 5 6 7 8 9 10 無

生理活力程度：1 2 3 4 5 6 7 8 9 10 無

晚上七點

我在做什麼：

心理警戒程度：1 2 3 4 5 6 7 8 9 10 無

生理活力程度：1 2 3 4 5 6 7 8 9 10 無

晚上八點半

我在做什麼：

心理警戒程度：1 2 3 4 5 6 7 8 9 10 無

生理活力程度：1 2 3 4 5 6 7 8 9 10 無

晚上十點

我在做什麼：

心理警戒程度：1 2 3 4 5 6 7 8 9 10 無

生理活力程度：1 2 3 4 5 6 7 8 9 10 無

晚上十一點半

我在做什麼：

心理警戒程度：1 2 3 4 5 6 7 8 9 10 無

生理活力程度：1 2 3 4 5 6 7 8 9 10 無

如果你不能掌控自己的日常排程該怎麼辦

　　不管我們從事什麼、職稱為何，工作中的殘酷事實就是，我們有許多人並未完全掌控自己的時間。那麼，如果日常模式的節律不符合日常排程的需求時，你該怎麼做呢？我無法給你神奇解藥，但我可以提供兩點策略，幫助你盡可能減少損害。

1、小心留意。

光是知道自己在次佳時間工作,這點就能有所幫助,因為你可以透過細微卻強而有力的方式矯正自己的時型。

假使你是被迫參加晨會的貓頭鷹,請採取預防措施,在前一晚將開會所需的一切事物列成清單。在你坐到會議桌上之前,先到外面稍微走一走——花個十分鐘左右。或者幫同事一點小忙——替他買杯咖啡,或幫忙搬箱子——這麼做能提振你的心情。在會議中,要額外拿出警覺。舉例來說,如果有人向你提問,在回答之前先複述一遍,確保自己正確理解問題。

2、見縫插針。

即便你無法掌控大事,你也許還是能主導小事。假如你是雲雀或第三種鳥,早上剛好有一小時空檔,別浪費在寫電子郵件上。用這六十分鐘做最重要的差事。此外,也要試著和上司建立良好的工作關係。用溫和的態度,告訴老闆什麼時段是你工作起來最有成效,但要從對組織有利的說法切入(「我大多在早上完成您交辦的重要案子,所以我也許應該在中午之前少參加一些會議」)。再來是從小處著手。你聽過「星期五便裝日」,或許你可以提出「星期五時型日」的建議,每月定一個星期五,讓大家按照自己偏好的時間表工作。或者,你可以公布一個你自己的周五時型日。最後,好好利用這些你**確實**掌控的時間排程。在周末或假日擬出時間表，讓同步效應發揮到淋漓盡致。舉個例子，如果你是雲雀，正在撰寫小說，你該早早起床，寫到下午一點，採買雜貨和領取乾洗衣物，等到下午再去做。

運動的時機：終極指南

目前為止，我主要探討生活的情緒和認知層面，那生理層面呢？尤其，運動的最佳時間是什麼時候？這個答案，有一部分取決於你的目標。以下是根據運動研究得來的簡易準則，可以幫助你做決定。

在早上運動，藉此達到：

· **減重**：我們剛起床的時候，至少八小時沒有吃東西，血糖落在低檔。由於我們需要血糖來跑步，所以早晨運動會用到儲存在組織裡的脂肪，來供應我們所需要的能量（當我們在進食後運動，使用的能量是來自剛才吃進去的食物）。在許多情況下，比起在進食後的較晚時段運動，早晨運動能多燃燒百分之二十的脂肪。[1]

· **提振心情**：游泳、跑步，甚至遛狗等有氧運動，可以振奮心情。當我們在早晨的時候運動，可以整天享受這樣的效果。如果你等晚上再運動，就會在睡覺的過程中，感受到一些愉悅的心情。

- **保持習慣**：有些研究顯示，當我們在早上運動，比較能夠堅持運動的習慣。[2] 所以，如果你發現自己難以按照計畫運動，早晨運動可以幫助你培養習慣——如果找個經常一起運動的同伴更好。

- **增加力量**：我們的生理機能會在一天之中產生變化。舉個例子，在早晨達到高峰的賀爾蒙「睪固酮」有助於肌肉生長。所以，如果你正在進行重量訓練，應該將運動安排在一大早。

在傍晚或晚上運動，藉此達到：

- **避免受傷**：當我們的肌肉有點溫度的時候，比較有彈性，不容易受傷。就是這個原因，我們在運動剛開始時做的事情，大家稱為「暖身」。我們的體溫在剛起床時處於低檔，會在一天當中穩定爬升，並在接近傍晚和傍晚的時候達到高峰。這就表示，在較晚的時段運動，我們的肌肉比較暖和，比較不常出現受傷的情形。[3]

- **發揮最佳表現**：下午運動除了比較不容易受傷之外，還能幫助你跑得更快、舉起更大的重量。肺部機能在這個時段最強，所以你的循環系統能送出更多氧氣和營養。[4] 在這個時段，力量達到高峰，反應時間縮短，手眼協調更好，心跳速率和血壓也會下降。在這些因素的影響下，此時有利於發揮出你的最佳運動表現。事實上，有高得不成比例的奧林匹克紀錄——尤其跑步和游泳項目——是在接近傍晚的時分和傍晚締造的。[5]

· **略微提高運動快感**：即使是和早上做一模一樣的運動，通常人們還是會覺得在下午的時候做運動，力氣用得比較少。[6] 由此可見，下午可以稍微減少運動對心靈造成的負荷。

讓早晨變更好的四項祕訣

1、起床時喝一杯水。

你在一天當中，有多常連續八個小時完全不喝一滴水？但那卻是我們多數人一整夜的狀態。呼氣會帶走水分，水分也會從皮膚蒸發，更別提跑一兩次廁所了。所以，起床的時候會稍微有點脫水。起床先灌一杯水，可以補充水分，控制一早起床時難受的飢餓感，並幫助你醒過來。

2、不要一起床就喝咖啡。

我們醒來的時候，身體會開始製造皮質醇，這是一種壓力賀爾蒙，能令昏昏沉沉的我們打起精神。但咖啡因反而會干擾皮質醇的製造——所以一早起床就直接喝杯咖啡，幾乎無法幫助我們清醒。更糟的是，晨間咖啡會使我們對咖啡因的耐受度提高，也就是說，我們必須愈灌愈多才能維持相同的效果。比較好的方法是在起床一個小時或九十分鐘後喝第一杯咖啡，此時我們的皮質醇製造狀態達到巔峰，而咖啡因也能發揮它的神奇功效。[7] 假如你要在下午提神，請在下午兩點到四點之間前往咖啡館，那是皮質醇再度下降的時間。

3、感受早晨的陽光。

如果你覺得早上無精打采，你該盡量多吸收一點陽光。太陽和大部分的燈泡不同，能散發出範圍很廣的色彩頻譜。當這些額外的波長射入眼睛，會把訊號傳到大腦，抑制睡眠賀爾蒙的產生，並開始製造警覺賀爾蒙。

4、將談話療程安排在早上。

新興領域心理神經內分泌學的研究顯示，療程可能在早上最有效。[8] 原因還是皮質醇。 沒錯，這是壓力賀爾蒙，但它也能促進學習。在早上的療程中，皮質醇濃度最高，患者比較專注，更能聽進建議。

2

下午與咖啡匙

休息的力量、午餐的約定，以及現代版午睡範例

下午知道早上從未懷疑。

——羅伯特‧佛洛斯特（Robert Frost）

請跟我一起到厄運醫院瞧一瞧。在這間醫院裡，患者被施打致命麻醉劑量的機率，比其他醫院高出兩倍，手術後四十八小時內死亡的機率，也高出很多。和其他謹慎的同行相比，這裡的腸胃科醫生在做結腸鏡檢查的時候，檢查出來的息肉比較少，所以惡性腫瘤便在不知不覺中愈來愈大。內科醫師為了治療病毒感染而開出不必要的抗生素藥物，機率為百分之二十六；具抗藥性的超級細菌愈來愈多，這麼做倒是推了一把。此外，在整個機構裡面，護理師和其他照護人員有將近百分之十的機率，在治療患者之前並未洗手，使得到院之前沒有感染的患者，在醫院受到感染的機率因此提高。

75

假如我是一名醫療糾紛律師（幸好我不是），我會在這種地方的對街掛個小招牌。假如我是一名丈夫或父親（幸好我是），我不會讓任何一個家人走進這間醫院的門。再來，假如我要建議你如何度過人生——不論是好是壞，我都正在透過這本書這麼做——我會提出以下建議：遠離這裡。

厄運醫院這個名字也許不是真的，但真有這樣的地方。我描述的每一件事，都發生在下午時段的現代醫療中心裡，比較的對象是早上。大多數的醫院和醫護專業人員做的都是偉大的工作，醫療災難是不正常的例外狀況。但身為病患，下午可能是個危險時段。

一般來說起床後大約七個小時會出現低谷期，容易發生一些狀況，導致這個時段比其他任何時段都要危險得多。本章將檢視，為什麼有這麼多人——從麻醉師到學童，到盧西塔尼亞號的船長——在下午時段出大紕漏。接著，我們會針對這個問題討論解決之道——主要是兩個簡單的補救方法，作用在於保障患者安全、提高學生考試成績，甚或是讓司法體系更公正。在這個過程中，我們會明白為什麼午餐（並非早餐）是一天當中最重要的一餐，要怎麼睡才是完美的午睡，以及為什麼恢復一千年前的做法，也許會符合今日的需求，幫助我們提升個人生產力和企業績效。

但首先，我們要到一間真實的醫院；在那裡，厄運因為一些萊姆綠膠膜卡片而防範得宜。

百慕達三角洲與塑膠方塊：警覺暫歇的力量

這天是星期二下午，密西根州安娜堡（Ann Arbor）的雲量很多，我有生以來第一次（可能是唯一一次）穿上醫院的綠色服裝並徹底清潔，準備參加手術。在我身旁的凱文・特倫珀（Kevin Tremper）是麻醉科醫師兼教授，在密西根大學醫學院麻醉學系擔任系主任。

他告訴我：「我們每一年讓九萬人入睡，然後喚醒他們。我們癱瘓他們，然後動手剖開他們。」特倫珀所監督的一百五十名內科醫師，以及另外一百五十名住院醫師，都會施展這些神奇的力量。二〇一〇年，他改變了大家的工作方式。

手術檯上躺著一名二十出頭的男性，下顎嚴重粉碎，需要修復。附近一面牆上有很大的電視螢幕，打著另外五名穿著醫院綠色服裝人員的名字，有護理師、醫師和一名技術人員——大家圍在手術檯邊。螢幕上方，以藍色背景和黃色字樣顯示患者姓名。外科醫師三十幾歲，身材精瘦、神色嚴肅，急著趕快開始。但在大家有任何動作之前，這個團隊彷彿正在密西根大學三公里外的克里斯勒運動場（Crisler Center）上比大專盃籃球賽——他們喊出中場暫停。

在幾乎令人無法察覺的狀態下，每個人都向後退了一步。接著，大家有的看向大螢幕，有的看向掛在腰際、口袋大小的塑膠卡片，用名字互相自我介紹，並按照核對表逐一進行共九個步驟的「誘導前確認」（Pre-Induction

Verification）程序，確定這是對的患者，了解患者的狀態和過敏反應，說明麻醉師即將使用的藥物，以及是否有可能需要使用特殊器材。每個人都完成說明，而且所有問題都得到答覆之後——整個過程大約三分鐘——中場暫停結束，年輕的麻醉住院醫師猛然拆開器材的封口，著手讓已經半昏迷的患者進入沉睡狀態。要這麼做並不容易。患者的下顎傷得太嚴重，住院醫師不得不放棄口腔，改從鼻腔插管，使狀況變得棘手。有著如鋼琴家般修長手指的特倫珀接了過去，將管子探進鼻腔，深入患者的喉部。很快地，這名患者便失去意識。他的生命跡象穩定，手術可以開始了。

接著，團隊再次退開手術檯。

大家檢視「切開前暫停」小卡上的步驟，確定每個人都準備好了。他們重新振作個人和團隊的精神。此外，要等每個人都回到手術檯，才開始進行下顎重建手術。

我把這樣的中場暫停稱作「警覺暫歇」——在高度利害關係發生之前先暫時中止一下，用來複習指令和預防錯誤發

生。警覺暫歇成功防止密西根大學醫學中心（University of Michigan Medical Center）在下午的低谷期變成厄運醫院。特倫珀表示，自從他開始實施這些暫停措施，醫療照護品質提升，併發症減少，醫生和病人都更安心。

下午是我們一天當中的百慕達三角洲。對生產力、道德和健康而言，低谷期是個危險區域，此情形橫跨許多範疇。麻醉就是其中一個例子。杜克大學醫學中心（Duke Medical Center）的研究人員檢視該醫院的九萬場手術，並且識別出他們稱為「麻醉不良事件」（anesthetic adverse events）的情形——麻醉師犯錯、對患者造成傷害，或兩者同時發生。低谷期尤其危險。不良事件「發生的頻率，在下午三點和四點之間開始進行的手術中較高」，而且高出非常多。早上九點發生不良事件的機率大約百分之一，而下午四點的機率是百分之四‧二。換句話說，如果某人正在為你施藥，要把你放倒，比起高峰期，低谷期的出錯機率有四倍之高。就實際傷害而言（不僅失誤，還對患者造成傷害），早上八點的機率是百分之〇‧三（0.3%）。但在下午三點，機率是百分之一（1%），有三倍之高。研究人員的結論是，下午的晝夜節律低谷削弱醫師的警覺性，並且「影響人類在複雜任務中的表現，例如麻醉照護中的必要工作」。[1]

或是想一想結腸鏡檢查。我的年齡已經大到，小心謹慎的那一面會要求自己申請這項程序，檢查結腸癌的存在或可能性。但現在我讀過研究，我永遠不會接受非中午前的預約。舉例來說，有份經常被人引用的研究，以一千多次結腸鏡檢查為研究對象，發現內視鏡專家檢查出息肉（結腸上的小型增生組織）的機率，會隨著一天的推移而愈來愈低。每過一小時，查出息肉的機率就會降低百分之五。某些早晨和下午時刻的對比結果，具有明顯的差異。舉個例子，在早上十一點，醫生每次檢查發現息肉的平均數量大於一・一。但到了下午兩點的低谷期，即使下午的患者和早上的人一模一樣，他們檢查出來的息肉勉勉強強只有一・一的一半。[2]

看看這些數據，告訴我，你會把結腸鏡檢查安排在什麼時候？[3] 除此之外，其他研究顯示，醫生在下午時段，甚至比較不可能從頭到尾完成結腸鏡檢查。[4]

在基礎醫療照護方面，當施行者航向一天當中的百慕達三角洲時，也出現同樣的問題。舉例來說，和早上相比，醫生在下午時段開抗生素（包括不必要的抗生素）治療急性呼吸道疾病的機率高出非常多。[5] 一名又一名患者看診下來，結果就是醫生的決策意志力遭到嚴重破壞，比起仔細檢查患者的症狀，判斷情況屬於適合以抗生素治療的細菌感染，還是抗生素並無治療效果的病毒感染，直接開立處方實在容易太多了。

我們以為，跟醫生這類經驗豐富的專家會面時，結果取決於患者是誰、問題是什麼。但很多結果，其實更有可能取決於預約的**時間**。

　　這是因為警覺力下降。二〇一五年，戴恆晨（Hengchen Dai，音譯）、凱薩琳・米爾科曼（Katherine Milkman）、大衛・霍夫曼（David Hoffman）、布萊德利・史泰茲（Bradley Staats）等人主持一項大規模研究，調查將近三十六間美國醫院裡的手部清潔情形。他們所運用的資料，來自配備無線射頻辨識（radio frequency identification, RFID）技術的潔手器，可以感應員工識別證上的無線射頻辨識晶片，因此研究人員能監視誰有洗手、誰沒洗手。他們總共研究超過四千名醫護人員（其中三分之二是護理師），在研究過程中，這些醫護人員有將近一千四百萬個「手部清潔機會」。結果相當糟糕。平均而言，這些員工洗手的次數，不到洗手機會和專業責任下應達次數的一半。更糟的是，這些大多從早上開始上班的醫護人員，到了下午手部清潔**機率更低**。這種早上比較勤奮，到下午變得比較粗心的情形，出現機率高達百分之三十八。也就是，早上洗手以十次為一單位，和這個相比，到了下午只洗六次。[6]

　　後果非常嚴重。研究團隊表示：「我們在一般輪值員工身上，發現不符潔手規定的情形增加，每年導致約莫七千五百件不必要的感染事件，使得涵蓋於本研究的三十四間醫院，每年因此支出共約一億五千萬美元。」將這個比率擴大應用在美國每一年的住院患者上，低谷期的代價非常可觀：六十萬件不必要的感染事件、總共一百二十五億美元的支出，以及高達三萬五千件不必要的死亡事件。[7]

　　下午也有可能在醫院的白牆之外造成死亡。在英國，與睡眠相關的交通工具事故，每二十四小時會有兩次達到高峰。一次是在凌晨兩點到早上六點的夜半時分，一次是在下午兩點到四點之間的下午時段。研究人員發現，相同的交通事故模式也出現在美國、以色列、芬蘭、法國和其他國家。[8]

　　有一項英國調查甚至更準確地指出，一般的工作者，一天當中生產力最低落的時間是下午兩點五十五分。[9] 我們進入這個時段，通常會迷失方向。我在第一章簡單討論過「早晨道德效應」，而這個效應指出，人們在下午比較容易不誠實，因為我們大部分的人「在早上時，比在下午更能抵擋說謊、欺騙、偷竊和其他參與不道德行為的機會」。[10] 這個現象有一部分會受時型影響，使得貓頭鷹呈現出和雲雀或第三種鳥不一樣的模式。但在這項研究中，夜晚型的人顯示出，他們在半夜十二點到凌晨一點半之間更符合道德標準，而非下午時段。不論我們的時型為何，下午都會使我們的專業能力和道德判斷力有所減損。

　　好消息是，警覺暫歇能降低低谷期對行為舉止的箝制。如同密西根大學的醫生例子所顯示，必須在下午進行的艱難工作需要專注力，此時若在任務當中安插強制而有規律的警覺暫歇，對我們重新恢復專注力將有所幫助。想像一下，假如做重大決定前一晚沒睡覺的特納船長，跟其他船員進行簡短的警覺暫歇，重新審視為了避開U型潛艇，盧西塔尼亞號得開多快，以及什麼才是估算船隻位置的最佳方法，情況會是如何。

這種簡單的干預做法，背後有令人振奮的證據做為支持。舉個例子，美國最大的醫療照護體系是退伍軍人健康管理局（Veterans Health Administration），在全美各地經營大約一百七十間醫院，管理局的醫師團隊為了因應一再出現的醫療錯誤（許多發生在下午），而在所有醫院實施一套全面的訓練制度（密西根大學的做法便是以此為範本），概念是更加刻意和頻繁地暫停一下，主要特色在於使用「膠膜核對卡片、白板、紙本表格、壁掛海報」等工具。開始訓練一年後，手術致死率（人們在手術中或手術完成沒多久便死亡的頻率）下降了百分之十八。[11]

儘管如此，對大多數人而言，工作不會牽涉到讓別人昏迷並切開他們，或是其他攸關性命的重責大任，例如：開二十七噸重的噴射機，或指揮部隊上戰場。對我們其他人來說，另外一種休息會是引導我們避開低谷風險的簡單做法，稱為「恢復暫歇」。為了了解這是什麼，就讓我們離開美國中西部，一起前往斯堪地那維亞和中東吧。

從校舍到法院大樓：恢復暫歇的力量

我們在第一章討論過丹麥標準化全國測驗的神奇結果。在下午參加測驗的丹麥學童，成績比較早參加測驗的學童差很多。對校長或教育政策制定者來說，因應之道似乎顯而易見：無論如何都要將所有考試移到早上。不過，研究人員還發現另外一種解決辦法。這種辦法在應用上超越學校和考試的範疇，卻非常容易解釋和實施。

當丹麥學生在考試之前有二十至三十分鐘的休息時間，「用來進食、玩樂和聊天」，他們的成績不會下降。實際上，成績還提高了。研究人員指出：「休息帶來的進步，大於每小時的成績衰退幅度。」[12] 換言之，成績在正午過後下滑，但休息過後的提升幅度，比下滑的幅度更大。

如果沒有休息，在下午參加考試的成績，相當於少上一年的課，以及擁有收入和教育程度較低的父母。但在休息二十到三十分鐘後參加相同的考試，成績相當於**多**上三個星期的課，以及擁有**經濟和教育程度略高**的父母。而且，在成績最差的學生身上效果最好。

不幸的是，丹麥的學校和世界上許多學校一樣，每天只有兩次休息時間。更有甚者，許多學校體系以嚴格要求和──聽，諷刺的來了──提高成績為理由，削減學生的休息時間和其他有恢復作用的下課時間。但正如參與本項研究的哈佛學者吉諾表示：「如果每隔一小時就休息一次，考試成績其實會隨著一天當中的時間推移而進步。」[13]

許多年輕學子在低谷期表現不佳會造成兩種風險，一種是讓老師對他們的學習進度有錯誤的認知，另一種是使行政人員將此歸因於學生的學習**內容**和**方式**，但真正的問題在於他們參加考試的**時間**。在丹麥進行實驗的研究人員表示：

「我們相信，這些結果在政策制定上有兩項重要涵義。首先，在決定上學日的時間長短以及休息的頻率和長度時，應該將認知疲勞納入考量。我們的研究結果顯示，較長的上學時間是合理的，但前提是要有適當的休息次數。其次，學校負責體系應當掌控外在因素對考試成績的影響……比較直截了當的做法是，盡可能將考試緊接著排在休息過後。」[14]

或許，一杯蘋果汁和到處跑幾分鐘，對八歲兒童解開算術問題十分有效，確實有其道理。不過，恢復暫歇對責任較重的成年人也具有類似的力量。

在以色列，有兩個司法委員會，負責處理該國近四成的假釋申請案。其中，掌握大權的是個別法官，他們的工作是一個接一個聆聽犯人的理由，並決定他們的命運。這名犯人服刑時間夠長，而且充分展現出改過自新的跡象，應該將她放出去嗎？另一名已經取得假釋許可的犯人，應該批准他不戴追蹤器到處走動嗎？

法官渴望展現理性、審慎、智慧，依照事實和法律來實踐正義。但法官也是人，跟我們其他人一樣，會受相同的晝夜節律所影響。他們的黑色長袍無法讓他們躲開低谷期。二〇一一年，三位社會科學家（兩位以色列籍，一位美國籍）透過這兩個假釋委員會的資料，檢視司法決策的制定情形。他們發現，一般來說，比起下午，法官在早上比較有可能做出對犯人有利的裁決——准許假釋或讓他們移除電子腳鐐（這項研究控制了犯人的類型、罪行的嚴重程度以及其他因素）。但決策模式的複雜和有趣程度，超過早上／下午的簡單分別。

從下面這張圖可以看出發生了什麼事情。在一大早的時候，法官約有百分之六十五的時間會做出對犯人有利的判決，但那個比率會隨早上的時光推移而下降。到了快接近中午的時候，有利判決的比率掉到趨近於零。所以排在早上九點進行聽審的犯人很有可能獲得假釋，而排在早上十一點四十五分的犯人，基本上一點機會都沒有——不管假釋案的事證為何都是如此。換句話說，由於委員會的預設立場通常是不允許假釋，法官會在某些時間偏離這個立場，並在其他時間強化這個立場。

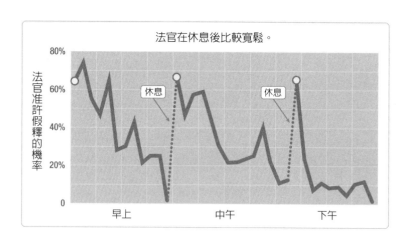

但看看法官休息後發生什麼事。在午餐時間的第一次休息後，他們變得比較寬容——比較願意偏離預設立場——只

是過了幾個小時之後，他們會採取更強硬的態度。可是，他們跟丹麥學童的情形一樣，看看那些法官第二次休息時——午後時段的恢復暫歇，用來喝點果汁或在法官遊戲室玩耍一番——發生了什麼事情。他們回復到早上一開始那個對犯人有利的比率。

想想後果：假如你剛好在休息前參加聽審會，而非休息之後，你很有可能會在牢裡多待幾年——不是因為假釋案事證，而是因為時段。研究人員表示，他們無法明確找出是什麼引發這個現象。可能是因為進食讓法官的血糖濃度回升，心智儲備（mental reserves）獲得補充。也許是暫時離開法官席，使他們心情變好。或者是法官累了，休息減輕他們的疲憊（另一項以美國聯邦法庭為對象的研究發現，調為日光節約時間的那個星期一，人們平均少睡四十分鐘左右，那一天法官對犯人做出的判決，比一般的星期一，刑期多了大約百分之五）。[15]

不管原因為何，本來不該影響司法決策且與正義無關的因素——法官是否休息以及何時休息——在決定某人可以自由離開還是繼續坐牢時非常關鍵。此外，將「休息通常能降低低谷期影響」的現象擴大，有可能適用「其他重要的序列決策或判斷，例如立法決策……財務決策以及大學招生決策」。[16]

因此，假如低谷期是毒藥，而恢復暫歇是解藥，那這些休息又該如何進行呢？這個問題沒有唯一的答案，但科學提供了五項指導原則。

1、有總比沒有好。

下午有個問題，就是如果我們一直做一件事太久，我們會忘記想要達成的目標，這個過程叫做「習慣化」（habituation）。從任務中抽離暫時休息一下，能夠防止習慣化，幫助我們保持專注，重新燃起我們對目標的決心。[17] 而且，經常花點時間休息，比偶爾一兩次效果更好。[18] 生產力追蹤軟體開發公司「辦公時間」（DeskTime）指出：「在我們的使用者當中，生產力最高的百分之十，共通點是他們能夠有效休息。」具體來說，「辦公時間」在分析自家資料後表示，他們發現工作和休息的黃金比率。這項研究的結論是，高績效人士工作五十二分鐘之後，會休息十七分鐘。「辦公時間」從未將這項數據發表在必須經過同儕審查的期刊上，所以你可能會有其他見解。但顯然短暫休息的確有效，而且事半功倍。就連「微休息」（micro-break）都有幫助。[19]

2、動勝於靜。

我們都聽過，久坐等於從前的抽菸，會對健康造成明顯而立即的危險。但久坐也會導致低谷期風險對我們造成更深的影響，正是因為這個緣故，在工作日每小時簡單站起來走動五分鐘，就有很大的效果。有一項研究顯示，每小時走動五分鐘休息一下，能提升活力、更加專注，並且「使一天的心情變好，減輕下午過後的疲憊感」。研究人員口中這些「活動微爆」（microbursts of activity），同樣比只有一次三十分鐘的走動休息來得更有效——效果大到，研究人員建議，組織應該「在日常工作中安排體能活動的休息時間」。[20] 定時在工作場所簡單走動休息一下，也能增加幹勁、集中精神和提升創造力。[21]

3、群體好過獨自一人。

獨自一人的時光有恢復的作用，對我們這些內向的人來說尤其如此。但許多恢復暫歇的研究指出，跟別人在一起有更強大的力量，特別是我們可以自由選擇和誰共度時光的時候。在看護這類高壓工作中，社交和集體休息不僅能減輕身體疲勞、減少醫療錯誤，還能降低流動率；以這種方式休息的護理師，留任的機率比較高。[22] 無獨有偶，南韓的職場研究也顯示，比起認知休息（回覆電子郵件）或營養休息（吃零食），社交休息——和同事聊工作以外的事——在減輕壓力和改善心情方面的效果更好。[23]

4、戶外勝過室內。

親近大自然的休息可以讓我們恢復得最好。[24] 親近樹木、植物、河川、溪流是非常有效的心靈恢復良方，而我們大部分的人都不知道效果這麼好。[25] 舉例來說，比起在室內走動的人，到戶外簡單走一走再回來的人，心情更好而且恢復程度更高。除此之外，雖然人們料想自己到戶外會比較開心，但他們低估了**開心的程度**。[26] 花幾分鐘置身於自然的環境中，比花相同的時間待在建築物裡好。望向窗外的自然景觀，會是比看隔間牆更好的「微休息」。就連休息時置身於室內盆栽之間，也比身處毫無綠意的環境中好。

5、完全抽離比半抽離好。

現在，大家都知道百分之九十九的人無法一心多用。儘管如此，當我們在休息的時候，卻經常想要同時處理高認知要求的活動——可能是檢查文字訊息或和同事聊工作議題。這樣不對。剛才提過的同一項南韓研究指出，放鬆休息（伸展四肢或做白日夢）能減輕壓力並提振心情，而多工休息無法辦到這點。[27] 零科技產品休息也能「增加活力和減少情緒耗竭」。[28] 又或者，如其他研究人員所言：「除了身體抽離之外，工作上的心理抽離也很重要，休息時還想著工作要求可能會導致過勞。」[29]

所以，假如你在尋找柏拉圖式的理想恢復暫歇，完美結合圍巾、帽子、手套，替你抵禦下午的冷空氣，可以考慮和朋友到戶外稍微走一走，並在散步過程中談論工作以外的事。

不管我們是在進行手術，還是校閱廣告文案，警覺暫歇和恢復暫歇都提供我們充電和補充的機會。但還有兩種暫時休息值得我們好好思考。兩種都曾經在職業和個人生涯中扮演中流砥柱的角色，直到近期才被人拋諸腦後，被當做閒適、瑣碎的事情，跟二十一世紀低頭、用筆電、清空信件匣的作風格格不入。現在，這兩種休息方式都要東山再起了。

一天當中最重要的一餐

今早起床後，在你展開交報告、送件或追小孩的一天之前，你或許吃了早餐。也許，你沒有好好坐下來吃一份完整的餐點，但我打賭，你吃了某種東西，使夜裡的未進食狀態中斷了——可能是一片吐司，或一點優格，又或者灌了咖啡或茶。早餐能強化我們的身體，為我們的腦部提供燃料。早餐也是新陳代謝的護欄；吃早餐能防止我們在其他時段暴飲暴食，進而防止體重上升，同時抑制膽固醇。這些事實如此不證自明，這些好處如此明顯，使得早餐原則變成了營養教條。跟著我念：早餐是一天當中最重要的一餐。

身為一個衷心提倡吃早餐的人，我為這個原則背書。但身為一個收錢在科學期刊中打滾的人，我培養出心存懷疑的態度。大部分的調查顯示，研究早餐救世和不吃早餐的罪惡都是觀察研究，而非隨機對照實驗。研究人員跟著實驗對象，觀察他們做些什麼，但是沒有跟對照組進行比較。[30] 這就表示，他們的研究發現呈現相關性（吃早餐的人有可能很健康），卻並未呈現必然的因果關係（也許本來就很健康的人，吃早餐的機率比較高）。當學者採用更嚴謹的科學方法，要查出早餐的好處就變得困難許多。

有一項研究指出：「吃或不吃早餐的建議……和人們普遍抱持的看法不同……對減重並沒有明顯的作用。」[31] 另有研究指出：「（對早餐）的信念……超越科學證據的效力。」[32] 基本上，許多顯示早餐優點的研究是由企業團體資助的，因此更加啟人疑竇。

我們都應該吃早餐嗎？普遍的看法是「對」，多麼清脆悅耳。但如同首屈一指的英國營養學家和統計學家所言：「遺憾的是，根據目前的科學證據，答案很簡單，我不知道。」[33]

所以，如果你想吃早餐就吃，如果不想就別吃。但要是你會擔心下午時段的風險，那就開始認真看待經常遭到汙衊和輕易被人排除在外的一餐吧，這一餐叫做午餐（一九八○年代電影中的超級惡棍戈登‧蓋柯〔Gordon Gekko〕有句名言：「午餐是弱者的東西」）。根據估計，百分之六十二的美國辦公室工作者，就在工作一整天的地方狼吞虎嚥地吃午餐。這些令人沮喪的場景——一手拿著智慧型手機，另一手拿著濕軟的三明治，從小隔間裡飄散出絕望的氣息——甚至有個名字：可悲的辦公桌午餐（the sad desk lunch）。因為這個名字，網路上出現一場小規模的運動，人們開始張貼他們「可悲至極」的午餐照片。[34] 但現在，我們應該要更加注重午餐了，因為社會科學家發現，對我們的表現來說，午餐比我們所意識到的要重要得多。

舉個例子，有一項二〇一六年的研究，觀察了十一個組織中超過八百名工作者（大部分是資訊科技、教育和媒體業），其中有些人固定在午餐時間休息並遠離辦公桌，有些人則沒有這麼做。不在辦公桌上吃午餐的人，比較能夠全力應付職場壓力，除了午餐過後的時段，就連之後的一整年，都比較沒有精疲力竭的樣子，而且精力比較充沛。

研究人員表示，「午餐休息提供重要的恢復環境，可以提升職場健康和福祉」，尤其是「認知或情緒方面有高度要求的工作者」。[35] 對需要高度合作的族群來說——例如消防員——一起吃飯還能提升團隊表現。[36]

不過，不是什麼樣的午餐都行。最有效的午餐休息具備兩項要素：自主和脫離。

自主——或多或少掌控你做的事情、做事的方式、做事的時間、和你共事的人——是高績效的關鍵因素，就複雜的任務而言尤其如此。但暫時離開複雜的任務休息一下，跟自主同樣重要。有一組研究團隊表示：「員工對如何運用午餐休息時間有多少決定權，可能就跟員工在午餐時間做什麼一樣重要。」[37]

脫離——包括心理和生理——同樣至關重要。許多研究顯示，在午餐時間繼續專心工作，甚至用手機上社群媒體，會增加疲勞，但是從辦公室轉移焦點則有相反效果。午餐休息時間較長，還有在午餐休息時間離開辦公室，可以預防下午時段的風險。有些研究人員建議：「讓員工選擇不一樣的午餐時間利用方法，達到脫離的目的，例如在非工作環境中休息，或提供進行休憩活動的空間，組織可以藉此提升午餐時間的恢復效果。」[38] 儘管推廣速度非常緩慢，但組織已經有所回應。例如，商業不動產巨擘世邦魏理仕公司（CBRE）在多倫多禁止員工在辦公桌上吃午餐，希望他們能用午餐時間好好休息。[39]

從這項證據，以及低谷期的風險來看，我們愈來愈清楚，必須修正某些經常一再提出的建議。兄弟姊妹，現在，跟著我念：午餐是一天當中最重要的一餐。

上班時間小睡片刻

我討厭午睡。我還是小孩的時候也許喜歡，但是自從五歲之後，我就覺得睡午覺跟吸管杯一樣——適合幼童，但對成人來說很可悲。並不是我身為成人從來沒睡過午覺。我睡過午覺——有時候是刻意地，大部分則是不經意地；但當我從這些昏睡的狀態清醒時，我通常會覺得頭昏眼花、身體搖晃、糊里糊塗——籠罩在暈眩無力的薄霧中，而包裹在外圍的是更厚的羞愧之雲。對我來說，午睡比較不是一種寵愛自己的行為，而是造成自我厭惡的因素，是個人失敗和精神缺陷的徵兆。

　　但我最近改變心意了，而且因此改變做法。只要做得對，午睡可以是對低谷期的聰明回應，也是富有價值的休息。研究顯示，午睡提供兩項重要的好處：改善認知表現和提升身心健康。

　　午睡在許多方面就像大腦的洗街車，撫平日常生活在心智冰層上遺留的裂口、磨損和刮痕。舉例來說，有項眾所周知的美國太空總署研究發現，午睡時間高達四十分鐘的領航員，反應時間進步百分之三十四，機警程度提升一倍。[40] 同樣的好處也在飛機駕駛員身上反應出來：在小睡片刻之後，他們變得更機警，表現也提升了。[41] 在下午和晚上值勤前打個盹的義大利警察，和沒有打盹的義大利警察相比，交通事故發生機率低了百分之四十八。[42]

　　不過，午睡還帶來警覺以外的好處。加州大學柏克萊分校的研究指出，下午打盹能提升大腦的學習能力。比起不睡午覺的人，睡午覺的人在資訊留存能力方面，不費吹灰之力便能有較為優異的表現。[43] 在另外一項實驗中，比起沒有睡午覺或把時間拿來從事其他活動的人，睡午覺的人解決複雜問題的機率高出一倍。[44] 午睡可以提振短期記憶，還有幫助我們串連起臉和名字的聯想記憶。[45] 午睡對腦力的整體益處非常大，尤其是，當我們年紀愈大，益處會愈明顯。[46] 有一篇整理午睡文獻的學術研究概述指出：「即使是每天晚上普遍都能獲得所需睡眠的人，對他們而言，午睡有可能在心情、機警、認知表現方面帶來可觀的益處……〔午睡〕對加法、邏輯推理、反應時間、符號辨識等任務的表現，特別有幫助。」[47] 午睡甚至能提升「心流」（flow），為參與和創意提供極為有力的後盾。[48]

午睡也能改善我們的整體健康狀況。有一項在希臘進行的大型研究——六年多來追蹤超過兩萬三千人之後——發現，在控制其他風險因素的情況下，比起不睡午覺的人，睡午覺的人死於心臟疾病的機率低了百分之三十七，「效力等同於服用阿司匹靈或每天運動」。[49] 午睡能強化我們的免疫系統。[50] 此外，一項英國研究發現，光是預期能睡午覺，血壓就會降低。[51]

然而，即便得知這些證據，我還是對午睡心存懷疑。我這麼討厭午睡，其中一個原因是，我從午睡清醒後，感覺很像有人在我的血液裡注射了燕麥片，還把我的大腦換成一條條油膩的抹布。後來，我發現一件至關重要的事情：我睡午覺的方法錯了。

雖然小睡三十到四十分鐘能帶來某些長期效益，但這麼做伴隨高昂的成本。理想中的午睡——兼顧效果與效率——在時間上短多了，通常介於十到二十分鐘之間。舉個例子，《睡眠》（Sleep）期刊中刊登的澳洲研究發現，在減輕疲勞、增加活力、使思考敏捷方面，小睡五分鐘幫助不大。但小睡十分鐘所產生的正面效益能維持將近三小時。稍微睡久一點也有效果。可是一旦打盹時間超過二十分鐘，我們的身體和大腦就會開始付出代價。[52] 這個代價稱為「睡眠惰性」

（sleep inertia）——我醒來的時候，通常會出現的迷茫、虛軟
的感受。我為了從睡眠惰性中恢復，必須花時間用水潑臉，
像濕透的黃金獵犬一樣甩動上半身，還要從書桌抽屜搜尋糖
果為身體補充糖分，抵銷了午睡的好處。從下圖可以清楚看
出這點。

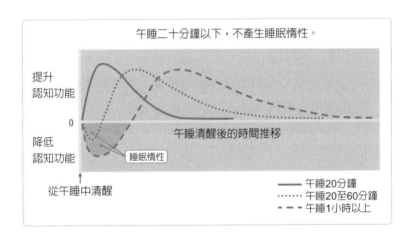

小睡十到二十分鐘，清醒後會對認知功能產生效益。但
稍微延長打盹時間，會開始對睡午覺的人產生負面影響——
也就是睡眠惰性——使她必須擺脫困境。而午睡超過一小
時，甚至要花更久的時間，才能使認知功能恢復到午睡前的
狀態，並在最後恢復水準。[53] 有一項針對大約二十年間的午
睡研究所做的分析，結果顯示，一般而言健康的成年人「理
想中應該午睡十到二十分鐘左右」。像這樣小睡片刻，「非
常適合清醒後通常立刻要有表現的職場」。[54]

　　但我也發現自己犯了另外一個錯誤。我不但睡錯午覺，還未能善用有效（而且合法）的藥物，來提升小睡片刻的效益。用艾略特（T. S. Eliot）的話來說，我們應該用咖啡匙好好量一量我們的睡眠。

　　有個研究就是以此做為研究題材。這個實驗將受試者分成三組，先在下午三點左右讓他們休息三十分鐘，然後再讓他們進行模擬駕駛。第一組受試者服用安慰劑，第二組受試者服用兩百毫克咖啡因，第三組同樣服用兩百毫克咖啡因並小睡片刻。等到他們模擬駕駛的時候，只攝取咖啡因的組別表現得比服用安慰劑的組別好。但攝取咖啡因加小睡片刻的組別，比另外兩組都優秀許多。[55] 由於咖啡因大概在二十五分鐘後會進入血液，這組受試者在睡醒之後，因為藥物的緣故而產生第二次精神提振。其他研究人員也發現相同的結果：在十到二十分鐘小睡片刻前攝取咖啡因（方式通常是喝咖啡），是擊退睡意和提升表現的最佳技巧。[56]

　　就我而言，在經過幾個月午睡二十分鐘的實驗之後，我的態度轉變了。我從鄙視午睡變成熱衷午睡的人，從覺得午睡很丟臉變成愛上先咖啡再午睡的組合；這種做法稱為「小睡奇諾」（nappuccino）＊。

＊關於「小睡奇諾」的進行方式，以及如何睡一場完美的午覺，請參見本章的時間駭客指南。

現代版午睡範例

十年前，西班牙政府採取一項完全不像西班牙會做的舉動：正式取消午睡。好幾百年以來，西班牙人喜歡在下午稍微休息一下，他們通常會回家和家人吃一頓飯，甚至小睡片刻。但西班牙經濟疲軟不振，於是下定決心對付二十一世紀的現實問題。在雙親都要工作、全球化加劇世界競爭的情況下，這種令人愉悅的做法使西班牙的繁榮發展遭受扼殺。[57] 美國人鼓掌歡迎這項改變，西班牙終於拿出夠認真、夠嚴謹的工作態度。老歐洲終於開始現代化了。

但是，會不會這項目前已經取消的做法，其實是神來一筆？與其說是放縱自我的遺俗，會不會反倒是提振生產力的創新做法？

在這一章裡，我們討論過休息的重要性——即使是稍微休息一下，也能造成巨大的差異。警覺暫歇能防止致命的錯誤，恢復暫歇能提升表現，午餐和午睡則幫助我們巧妙避開低谷期，在下午完成更多工作並且做得更好。愈來愈多科學文獻清楚表明：休息並非懶散的跡象，而是力量的徵兆。

所以，與其歡慶西班牙取消午睡，也許我們該考慮恢復這個做法——但形式要更符合現代工作生活。西班牙文的午睡「siesta」來自拉丁文的「hora sexta」，意思是「第六個小時」。古時候，大多數人是在戶外工作，要到幾千年後才有配備空調的室內環境，當時就生理而言，有必要躲避正午時分的太陽。時至今日，就心理而言，則有必要逃離下午時段的低谷期。

而且《古蘭經》在一千年前便列出與現代科學相符的睡眠階段，也提倡中午休息。有位學者表示，午睡「是深植於穆斯林文化的做法，對某些穆斯林而言屬於宗教行為（Sunnah，聖行）」。[58]

這麼說來，或許休息可以成為一種在科學和世俗層面根深柢固的組織實踐。

現代版午睡並不是指讓大家在中午的時候休息兩、三個小時。那樣不實際。意思是，要將休息視為組織的構成要素——了解休息並非好心的讓步行為，而是一種腳踏實地的解決之道。意思是，防止出現可悲的辦公桌午餐，鼓勵人們用四十到五十分鐘的時間離開室內；意思是，保障及延長學童的下課時間，而非取消這種時段；意思甚至有可能是，追隨班傑利（Ben & Jerry's）、薩波斯（Zappos）、優步（Uber）、Nike等公司的腳步，他們都在辦公室幫員工打造午睡空間（哎呀，意思也許不是像某個瑞典小鎮提議的那樣，立法規定一周給員工一小時，讓他們回家從事性行為[59]）。

最重要的一點，現代版午睡的意思是，關於做什麼事和怎麼做事才有效，我們要改變看法。直到大約十年前，我們都很佩服只睡四個小時也撐得住的人，還有熬夜工作的中堅分子。這些人是英雄，他們狂熱地投入和獻身，令其他人顯得無能、軟弱。後來，隨著睡眠科學成為主流，我們開始改變態度。那個不睡覺的傢伙並非英雄，而是笨蛋。這樣的人，工作表現可能低於平均水準，而且有可能會做出愚蠢的選擇，連累我們這些其他的人。

　　休息現在就跟當時的睡眠一樣。省略午餐一度就像榮譽勳章，而睡午覺則是羞恥的標記。如今再也不是這樣了。時機的科學現在證實了舊世界（Old World）[*]本來就知道的事：我們應該讓自己休息一下。

＊譯注：通常泛指歐洲國家。

時間駭客指南

·第 2 章·

製作休息清單

你或許有一份待完成事項清單，現在該製作一份「休息清單」了，而且你要同樣注重這份清單。每一天，都在待完成事項、待參加會議和截止時間旁邊，列出你的休息時間。

從試試看每天休息三次開始。列出你打算在什麼時間進行這三次休息、休息時間有多長，以及每一段休息時間要做的事情。將這些休息時間填入手機或電腦的日曆裡會更好，這樣其中一種煩人的叮噹聲會提醒你。記得：規畫就要做到。

如何睡一場完美的午覺

像我解釋過的，我發現自己睡午覺的方式有錯，現在我知道完美午覺的祕訣，跟著這五個步驟做就對了：

1、**找出你的下午低谷期**。梅約診所（Mayo Clinic）表示，午睡的最佳時間是下午兩點到三點之間。[1] 但如果你想更精確一點，請用一個星期的時間，按照第67至69頁的說明，把你在下午的心情和活力狀態繪製成圖表。你可能會發現，總是有個時段事情會開始走下坡；在許多人身上，這個時段大概在醒來的七個小時之後。這就是你的最佳午睡時間。

2、**營造平和的環境**。關掉你的手機通知。如果有門就把門關上，如果有沙發就用沙發。為了阻絕聲響和光線，可以試試用耳塞或耳機，並戴上眼罩。

3、**喝杯咖啡**。真的，最有效率的午睡是小睡奇諾。咖啡因完全進入血液中大概要二十五分鐘，所以喝光後立刻躺平吧。如果你不喝咖啡，可以上網搜尋大約含兩百毫克咖啡因的替代飲料（如果你在避免攝取咖啡因，請跳過這個步驟，還要重新思考你的生活選擇）。

4、**用手機上的計時器設定二十五分鐘**。如果睡午覺的時間超過半小時，睡眠惰性會掌管一切，你就要花更多時間來恢復；如果睡午覺的時間少於五分鐘，得到的好處不大。但午睡時間落在十到二十分鐘之間，可以明顯提升警覺度和心智功能，而且不會讓你覺得比午睡之前更想睡覺。由於大部分的人要花七分鐘才能入睡，所以計時器定在二十五分鐘是理想做法。除此之外，就是等你醒來的時候，咖啡因也開始產生效果了。

5、**反覆進行，始終如一**。有證據顯示，比起不常睡午覺的人，習慣睡午覺的人能從午睡中獲得更多好處。因此，如果你有餘裕可以定時睡個午覺，不妨讓睡午覺成為一種慣例。如果你沒有餘裕，那就選狀態下滑得很厲害的那幾天——前一晚睡眠不足，或當天的壓力和要求比平常沉重的時候。你會感覺到差異。

五種恢復暫歇：選項清單

你現在了解休息的科學，以及休息為何能夠如此有效地同時對抗低谷期，並且提振心情和表現了。你甚至有一份準備實行的休息清單。但是，什麼樣的休息是你應該實行的呢？這個問題沒有正確答案。從下面的清單中選出一項，或結合幾項，看看進展如何，再設計出最適合你的休息就對了：

1、**微休息**——一種不需要太久的補充暫歇。即使只有一分鐘或低於一分鐘的休息——研究人員稱為「微休息」（micro-break）[2]——都能帶來好處。你可以這麼做：

20 / 20 / 20法則——在開始處理任務之前，先設定計時器，然後每隔二十分鐘，花二十秒看一看某樣在二十英尺（六公尺）以外的東西。如果你用電腦工作，這種微休息能讓眼睛放鬆，並且改善姿勢；這兩件事情都能對抗疲勞。

水——你可能已經有個水瓶了，再準備一個比原先小很多的水瓶吧。水瓶空掉的時候——因為小，當然會空掉——就走向飲水機把它裝滿。這樣能一箭三雕：喝水、起身走動、恢復精力。

擺動身體，重整心情——所有休息當中最簡單的一種就是：起身站六十秒，甩動手臂和雙腿，讓肌肉收縮，扭轉核心肌群，再坐下來。

2、**活動休息**——我們大部分的人都坐得太久、動得太少。所以,在休息時間裡多安排一些活動吧。選項有:

每小時走動五分鐘——我們已經知道,走動五分鐘的休息方式影響很大。大部分的人都可以做到這點,而且在低谷期特別有用。

辦公室瑜伽——你可以直接在辦公桌旁做瑜伽:坐椅捲曲姿,腰部放鬆、前彎;舒緩頸部和下背部的緊繃狀態,活動打字的手指,並且放鬆你的肩膀。也許並不是每個人都能做得到,但大家都值得一試。把「辦公室瑜伽」丟進搜尋引擎查一查吧。

伏地挺身——對,就是伏地挺身。連續一個星期每天做兩下。接著,下個星期每天做四下,再下個星期每天六下。你能提高心跳速率、擺脫認知陷阱,或許還能使體魄強健一些。

3、**大自然休息**——聽起來也許很環保,但愈來愈多研究顯示,自然界具有補充活力的效果。除此之外,人們一直低估了大自然能帶給我們多美好的感受。選項有:

到戶外走走——如果你有幾分鐘的時間,而且離當地的公園不遠,那就到那裡繞個一圈吧。如果你在家工作,而且養了一隻狗,帶汪汪出門散步吧。

親近戶外——如果你所在的建築物後面有樹木和長椅,不要在室內坐著,到那裡坐一坐。

假裝身在戶外——如果你最多只能看看室內的盆栽或窗外的樹木——好吧,研究建議,那樣也有幫助。

4、**社交休息**——不要獨自一人,至少不要總是一個人。社交休息很有用,如果是你決定社交的對象和方式,會更有效果。幾點相關概念包括:

走向人群並聯絡某個人——打電話給你好一陣子沒說話的人,用五或十分鐘簡短交換近況。再次喚醒這些「休眠人脈」,也是加強人際網絡的好方法。[3] 你也可以利用這個時機,藉由便條紙、電子郵件或短暫的拜訪,向某個曾經幫助過你的人道謝。感激之情將意義和社交連結強力結合,是非常有效的復元工具。[4]

安排社交休息——你可以計畫固定散步、造訪連鎖咖啡店,或每周一次和喜歡的同事聚會聊八卦。社交休息的附加好處是,如果有人在等你,實行起來就會更容易。你也可以到瑞士去,試試瑞典人口中的「咖啡小休」(fika)——一種發展成熟的喝咖啡休息方式,這是一把假想的鑰匙,開啟了瑞典的高員工滿意度和高生產力。[5]

別安排社交休息——如果你的行程太滿,無法排入固定的社交休息,可以在這個星期替某個人買杯咖啡。把這杯咖啡帶給她。花五分鐘的時間,跟她聊聊工作以外的事情。

5、**心靈換檔休息**——我們的大腦所感受到的疲勞,程度就跟身體一樣多——這是低谷期的重要因素。試試這些方法，讓你的大腦休息一下：

冥想——冥想是所有休息當中最有效的休息方式之一，也是最有效的微休息。[6] 請參考加州大學洛杉磯分校的資料（http://marc.ucla.edu/mindful-meditations），裡面介紹了如何進行只需要三分鐘的冥想。

控制呼吸——有四十五秒的時間吧？那麼，像《紐約時報》說明的，「深呼吸，擴張你的腹部，暫停，數五下慢慢呼氣，重複進行四次。」[7] 這叫有控制的呼吸，能抑制壓力賀爾蒙、使你思路清晰，甚或改善免疫系統——全部只要不到一分鐘的時間。

放鬆心情——聆聽喜劇廣播節目，讀一讀笑話集。如果你能有點隱私，可以戴上耳機，盡情播放一、兩首歌。甚至有一項研究證實，觀看小狗的影片有補充精力的效果。[8]

創造自己的暫停時間與低谷期核對表

有時候，我們不可能完全從重要的任務或專案當中脫身，進行恢復暫歇。當你即使處在低谷期，你和團隊還是要努力完成工作的時候，這時就該進行警覺暫歇，將暫停時間與核對表結合。

規畫方式如下：

如果你正在進行一項任務或專案，讓你即使處在低谷期，也要繼續發揮警覺和專注力，請在任務進行到一半的時候，規畫一次暫停時間。以密西根大學醫學中心所使用的萊姆綠卡片為樣本，製作一張低谷期核對表，來規畫這次的暫停時間。

舉例來說，你的團隊要在今天下午五點之前交出一項重要提案。大家都沒有時間到外面走一走。替代做法是，在截止時間前兩個小時規畫一次休息空檔，讓大家聚在一起。你的核對表可以寫上：

1、所有人停下手中的工作，往前站一步，做一次深呼吸。
2、每一名團隊成員用三十秒報告自己的進度。
3、每一名團隊成員用三十秒說明自己的下一步。
4、每一名團隊成員都回答：我們缺了什麼？
5、指派處理缺失的人。
6、如有必要，安排下一次暫停時間。

像專家一樣暫停

安德斯・艾瑞克森（Anders Ericsson）是「世界專家的世界專家」。[9]身為一名心理學家，在研究表現卓越超群的人士後，艾瑞克森發現，傑出表現者有個共通點：他們真的很會休息。

　　大部分的專業音樂家和運動員，都在早上九點開始認真練習，在中午之前達到巔峰，下午休息，晚上再練幾個小時。舉例來說，成就非凡的小提琴家，練習模式看起來像這樣：

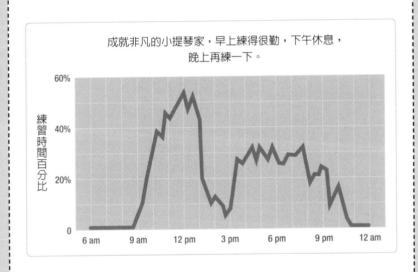

成就非凡的小提琴家，早上練得很勤，下午休息，晚上再練一下。

　　認出這個形狀了嗎？

　　在艾瑞克森的研究裡，區別出頂尖人士和其他人的因素，有一項是他們會在下午**徹底**休息（許多人甚至有固定午睡的習慣），而非專業人士則對暫停休息保持比較鬆散的態度。我們或許以為超級巨星會在一天裡持續衝刺好幾個小時。其實，他們會在四十五至九十分鐘的短時間內極度專注地練習，然後進行有意義的恢復暫歇。

你也可以這麼做。像專家一樣暫停休息，然後你也許能成為專家。

讓小孩子休息：下課的務實範例

學校愈來愈嚴厲了。尤其是美國，學校欣然採納高利害關係測驗（high-stakes testing）、嚴格的教師評鑑，以及講求實際的課責制度。這些做法當中有些是合理的，但這場打擊缺點的戰爭卻引發一場課間休息的重大災難。

大約百分之四十的美國學校（尤其是低收入有色人種學生多的學校），已經取消下課時間，或將下課併入午餐時間。[10] 在攸關未來的情況下，人們認為學校無法承擔遊戲時間這種輕率的行為。舉個例子，二〇一六年紐澤西的立法機關通過一項獲得兩黨支持的法案，規定紐澤西的州立學校，從幼稚園到五年級，學生每天只能休息二十分鐘。但州長克里斯·克里斯蒂（Chris Christie）否決這項法案，並說了一句令人聯想到校園的話，用來表明「那是一項愚蠢的法案」。[11]

這種看似嚴厲的做法，完全是判斷錯誤。休息和下課沒有偏離學習，而是學習的**一部分**。

多年來研究顯示，下課在童年的各項領域中，都能為學齡兒童帶來益處。有休息時間的孩子比較認真、不易煩躁，而且更專注。[12] 比起休息較少的孩子，這些孩子通常能拿比較好的成績。[13] 他們發展出比較好的社交技巧，展現比較強的同理心，比較不會引起騷亂。[14] 他們甚至吃比較健康的食物。[15] 簡單來說，如果你想要孩子前途無量，就讓他們離開教室吧。

學校要怎麼做才能發揮出下課的優點？以下提供六項準則：

1、**在午餐前安排休息**。十五分鐘的休息就夠了，這是最能幫助孩子專心的時間長度。除此之外，這樣還能讓他們肚子比較餓，在午餐時間比較吃得下東西。

2、**簡單就好**。下課不必安排得很嚴謹，也不需要使用特殊器材。孩子會從自己商量規定的過程中得到好處。

3、**不要苛刻**。在擁有世界頂尖校務系統的芬蘭，學生每個小時休息十五分鐘。有些美國學校——例如德州沃斯堡（Fort Worth）的鷹山小學（Eagle Mountain Elementary School）——追隨芬蘭的腳步，每天為年輕學子提供四節下課，使學習情況獲得改善。[16]

4、**讓老師休息**。安排老師輪流下課，這樣老師就能在監督工作和休息之間自行替換。

5、**不要抽掉體育課**。結構經過規畫的體育課是學習之外的獨立時間，不是下課的替代品。

6、**每一天，每個孩子都要下課**。避免用取消下課來當做懲罰。下課對每個孩子的成功而言都很重要，就連犯錯的孩子也不例外。要確保在每個上學日，每一名學生都有下課時間。

第 2 部

開始、結尾與中場

開始

正確起步、重新開始、一起開始

有個幸運的開始比什麼都重要。
——塞萬提斯，《唐吉訶德》

負責保障美國公民遠離健康威脅的政府機構「美國疾病管制與預防中心」（U.S. Centers for Disease Control and Prevention），每個星期五會發布一份刊物，名稱叫做《發病率與死亡率周報》（*Morbidity and Mortality Weekly Report*）。雖然這份周報經常寫進政府文件的無聊內容當中，但周報內容可能和史蒂芬・金的小說一樣嚇人。每周報告都提供一份新的恐嚇清單——上面不只有伊波拉、肝炎、西尼羅病毒這種人盡皆知的疾病，還有比較少人知道的威脅，例如人類的肺炎性鼠疫、從埃及傳入的犬隻狂犬病，以及室內溜冰場一氧化碳濃度上升。

二〇一五年八月第一個星期，《發病率與死亡率周報》

的所有內容並沒有比平常更加使人心驚，但對美國的父母來
說，其中有五頁主要文章十分駭人聽聞。疾病管制與預防中
心確認，大約兩千六百萬名美國青少年受到一種疾病威脅。
報告顯示，這個威脅正以雹暴之姿大肆攻擊年輕人：

- 體重增加而且過重的可能性提高
- 臨床憂鬱症的症狀
- 學業表現較差
- 有較強傾向「從事飲酒、吸菸、使用非法藥物等不健
  康的危險行為」[1]

在此同時，耶魯大學的研究人員忙於找出，這些麻煩纏
身的青少年，他們的哥哥、姊姊當中是否有些人面臨威脅。
這個風險並未危害他們的心理或情緒健康——至少還沒有
——而是消磨他們的生活。這些男女在二十五歲到三十歲之
前陷入泥淖。即使他們從大學畢了業，收入卻比他們預期中
持有學士文憑該有的所得低，而且大幅低於幾年之前才畢業
的人。而且，這不是短期問題。他們會有十年的時間受減薪
所苦，有些時間可能還更久。受影響的不只是這群二十來歲
的人。這些人當中，有些人的父母在一九八〇年代早期畢
業，他們也受這種不健全的狀態所苦，依然在努力擺脫遺留
的影響。

這麼多人，是哪裡出了錯？

完整答案很複雜，融合生物學、心理學和公共政策。但核心原因很簡單：這些人之所以過得不順遂，是因為他們出發的時候有個糟糕的開始。

就這些青少年的狀況來說，他們的上學日開始時間太早——這一點使他們的學習能力受到影響。那群二十幾歲的人和某些父母的狀況則是，他們開始工作的時候，自己沒有做錯什麼，而是正值經濟衰退時期，導致他們有收入的年度以及第一份工作後的好幾年都處於蕭條當中。

面對學業成績不佳的青少年或低薪這種惱人的問題，我們通常會在**什麼**的領域裡尋求解決之道。人們做錯什麼了？他們做些什麼才會比較好？其他人能提供什麼幫助？可是，最有說服力的答案藏在**什麼時候**的領域裡，這件事比我們意識到的還常發生。尤其是，我們什麼時候開始（上學、上班），會對個人與團體命運造成巨大的影響。對青少年來說，上學日在早上八點半之前開始，可能會傷害他們的健康和妨礙他們取得優秀成績，進而使他們選項受限，改變了生活軌跡。對年紀大一些的人來說，開始工作時遇到疲弱不振的經濟，可能會限縮他們的機會，在成人時期降低他們的收入能力。開始造成的影響比我們所知道的要大多了。事實上，開始的影響力能一直發揮到最後。

雖然我們不能總是由自己決定開始的時間，但是我們能對開始產生某些影響——並且大幅影響不理想的後果。方法很直接。在絕大多數的情況下，我們要清楚意識到開始的力量，並以創造有力的開始為目標。要是失敗了，我們可以試著重新開始。此外，要是開始不是我們所能掌控的，我們可以找來其他人，嘗試大家一起開始。成功開始的三項原則是：正確起步、重新開始、一起開始。

正確起步

我在中學時期學了四年法文。我所學的，很多都不記得了，但法文課有一件事我記得很清楚，而這點或許說明了我學得有多不好。英格利斯（Mademoiselle Inglis）老師的課在第一堂——我想，是在早上七點五十五分左右。她在為課堂暖身的時候，通常會問一個法文老師總是會問學生的問題（從十七世紀的歐洲語文學校，到一九八〇年代我所就讀的俄亥俄州中部公立學校，通通一樣）：Comment allez-vous?你好嗎？

在英格利斯老師的課堂上，每天早上每個學生的回答都一樣：Je suis fatigué，我很累。理查很fatigué（累），蘿瑞很fatigué（累）。我自己也不時非常fatigué（累）。要是有懂法文的人來我們班上，我和這二十六名同學聽起來可能就像得了不可思議的集體嗜睡症。Quelle horreur! Tout le monde est fatigué!（真可怕！大家都很累！）

但真正的原因並沒那麼奇異。我們都只是試著在早上八點前運用大腦的青春期孩子而已。

就像我在第一章說過的，年輕人是在青春期左右，開始經歷一生當中最深刻的時間生物學變化。他們在晚上比較遲的時間睡著，然後為了配合自己的生物指令（biological imperatives），他們在早上比較遲的時間起床——這個貓頭鷹型巔峰時段會延續到他們二十出頭歲的時候。

然而，全世界大部分的中學都強迫這些極致的貓頭鷹，配合為嘰嘰喳喳叫的七歲雲雀所設計的日程安排。結果就是，青春期學生犧牲睡眠並承擔隨之而來的後果。《小兒科》（Pediatrics）期刊指出：「睡眠不足的青少年，憂鬱、自殺、濫用藥物、出車禍的風險比較高。證據也顯示，睡眠時間短跟過胖和免疫系統變弱有關。」[2] 雖然年紀較小的學生在早上的標準化測驗得到較高的成績，但青少年在比較晚的時段表現較佳。開始時間早跟成績差、考試分數低有強烈關係，數學和語文科目尤其如此。[3] 甚至，都位在蒙特婁的麥基爾大學（McGill University）和道格拉斯心理健康大學研究所（Douglas Mental Health University Institute）進行了一項研究，發現睡眠的長短和品質是一大因素，會使學生在——猜猜看是什麼課？——法文課的表現有所差異。[4]

傷害之大，連美國兒科學會（American Academy of Pediatrics, AAP）都在二〇一四年發表政策聲明，要求國中和高中不得早於上午八點半開始上課。[5] 幾年後，美國疾病管制與預防中心也加入行列，斷定「延遲上學時間具有對極大人口影響的潛力」，能提升青少年的學習狀況和福祉。

從紐約州的多布斯費里（Dobbs Ferry），德州的休士頓，到澳洲的墨爾本，許多學區已經在留意這項證據，並且展現出驚人的成果。舉個例子，有項研究以八間將第一堂上課時間改為早上八點三十五分之後的明尼蘇達州、科羅拉多州、懷俄明州學校為對象，檢視了三年內共九千名學生的資料。這些學校的出席率提高，遲到情形減少。學生「在數學、英文、科學和社會研究等核心科目」中得到較高的成績，他們在各州和全國標準測驗中的成績也進步了。在其中一間學校，上學時間從早上七點三十五分改為八點五十五分之後，青少年駕駛車輛的擦撞次數下降百分之七十。[6]

另外一項研究則以橫跨七州的三萬名學生為對象，發現較晚上學的做法實施兩年以後，高中畢業率高了不只百分之十一。[7] 一份研究早到校時間的文獻得出結論，較晚上學與「出席率提高、遲到減少……成績進步」相關。[8] 此外，同樣重要的一點是，除了課堂之外，學生也在其他許多生活方面過得好很多。許多研究發現，延遲上學時間能提高動機、提升情緒幸福感、減少憂鬱、抑制衝動。[9]

不只高中學生有好處，大學生也能從中獲益。在美國空軍學院，到校時間延遲五十分鐘使學業表現有所進步；第一堂開始的時間愈晚，學生的成績愈好。[10] 事實上，《人類神經科學前沿》（*Frontiers in Human Neuroscience*）期刊上，刊登針對美國和英國大學生進行的研究，這項研究的結論是，大多數大學課堂的最佳上課時間是在早上十一點以後。[11]

就連回報也是好的。有一位經濟學家研究了北卡羅來納州維克郡（Wake County）的學校體系。他發現，「上學時間延遲一小時，在數學與閱讀測驗中的標準化測驗分數都提高了三個百分點」，效果在成績最差的學生當中最為顯著。[12]身為經濟學家，他還計算改變時程的本益比，推斷出，比起政策制定者能採取的其他任何作為，延遲上學時間都能使教育經費發揮最大效益；布魯金斯研究院（Brookings Institution）的分析也呼應這樣的觀點。[13]

儘管如此，美國小兒科醫師和頂尖公共衛生官員所提出的訴求，以及對現行狀況造成挑戰的學校經驗，卻普遍受到忽視。今時今日，不到五分之一的美國國高中採納美國兒科學會的建議，在早上八點半之後開始上課。美國青少年的平均上學時間依然是早上八點零三分。這就表示，有非常多學校在早上七點開始上課。[14]

為什麼會抗拒？有個關鍵因素是延後上學會對大人造成不便。行政人員必須重新安排校車接送時間，家長可能無法在上班途中送孩子上學，老師下午不得不在學校待久一點，體育教練的訓練時間可能要因此縮短。

可是，在這些藉口底下，有個更深層而且同樣麻煩的理由。我們只是沒有像看待「什麼」的問題那樣嚴正看待「什麼時候」而已。想像一下，假如學校同樣發生過早上學造成的問題——學習成效不彰和健康受損——但原因是學生在課堂上感染了經由空氣傳播的病毒。家長會跑到學校要求校方採取行動,並把孩子留在家裡隔離,直到問題解決為止。每個學區都會迅速採取行動。現在,想像一下,假如我們能用已知、代價合理、施打方式簡便的疫苗,消滅這個病毒並保護所有學生,改變早就已經發生。五分之四的美國學區(數量超過一萬一千)不會忽視這項證據,也不會編造理由。在這種情況下這麼做,會在道德上產生反感,在政治上難以自圓其說。家長、老師和整個社區不會袖手旁觀。

上學時間的問題不是現在才有。但是因為這是「時間」的問題,不是「什麼」的問題——例如病毒或恐怖主義——所以有太多人連想都不想。四十和五十歲的人會問:「一個小時能有怎樣的差別?」這個嘛,對某些學生來說,這是退學和完成高中之間的差異。對其他學生來說,這是學習出現障礙和掌握數學、語文課程的差異——這點會在往後影響他們上大學或找到好工作的機率。在某些情況裡,光是時間點的小差別就能減輕痛苦,甚至拯救性命。

開始非常重要。我們無法時時刻刻掌控開始,但這是我們能夠施力,也因此一定要加以影響的領域。

重新開始

在你生命中的某些時間點,你可能許下了新年新希望。在某一年的一月一日,你下定決心少喝一點酒,多做一點運動,或每個星期天打電話給你媽媽。也許,你做到自己的承諾，改善健康，也修復了和家人之間的關係。又或者，到了二月，你攤在沙發上，一面看Netflix播的《兔俠傳奇》（*Legend of Kung Fu Rabbit*），一面喝下第三杯紅酒，還忽略媽媽的Skype通話請求。然而，不管你的新年新希望結果如何，你選擇用來激勵自己的日子，顯示出開始的力量具有另外一面。

一年當中的第一天，在社會科學家口中稱為「時間地標」（temporal landmark）。[15] 就像人類依賴地標探索空間一樣──「要到我家，你要在殼牌加油站左轉」──我們也用地標來探索時間。某些日子的功能就像那個殼牌加油站，在其他不停流逝和容易被忘記的日子中特別顯眼，這些日子引人注目的特性，幫助我們找出自己的方向。

二○一四年，三位來自賓州大學華頓商學院的學者發表一篇有關時機科學的突破性論文，使我們對於時間地標的運作，以及如何運用這些地標建立更好的開端，有更廣泛的了解。

戴恆晨、凱薩琳·米爾科曼和傑森·里斯（Jason Riis）首先分析八年半的Google搜尋資料。他們發現，「節食」這個字的搜尋次數總是會在一月一日飆高──比平常的日子高百分之八十。也許，這不令人意外。但搜尋次數也在每個日曆周期剛開始──每個月的第一天，以及每個星期的第一天──的時候攀升。搜尋次數甚至在美國國定假日結束後的第一天上升百分之十。這些代表「第一」的日子具有某種特性,能開啟人們的動機。

用Google搜尋「節食」的次數在時間地標上增加。

美國國定假日過後　10%
新的一周開始　14%
新的一年開始　82%

　　研究人員發現健身房裡存在類似的模式。在東北地區的某一間大型大學裡,學生必須刷卡才能進入健身設施。研究人員收集超過一年的每日健身房人數資料。健身房造訪率和Google搜尋一樣,「在新的一個星期、一個月、一年開始時」提高。但除了這些日子,還有其他日子也會讓學生離開宿舍,站上跑步機。大學生「會在新學期開始⋯⋯以及學校放假後的第一天做比較多的運動」。他們也在生日後的第一天就上健身房——但有一個明顯的例外:「即將滿二十一歲生日的學生,會在生日過後的第一天少上健身房。」[16]

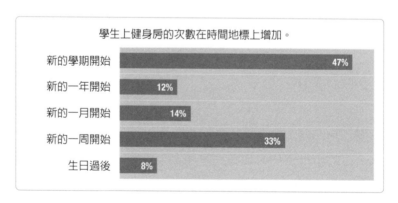

學生上健身房的次數在時間地標上增加。

新的學期開始　47%
新的一年開始　12%
新的一月開始　14%
新的一周開始　33%
生日過後　8%

對在Google上搜尋的人和運動的大學生來說，某些日曆上的日子比其他日子來得重要。人們利用這些日子「劃分時間的流逝」，讓某個時期結束，並以煥然一新之姿開展另外一個時期。戴恆晨、米爾科曼和里斯將這個現象稱為「全新開始效應」（fresh start effect）。

為了建立全新的開始，人們會用上兩種時間地標，一種是社會的，一種是個人的。社會地標是大家共享的：星期一、新月份的開頭、國定假日。個人地標對於個人來說是獨一無二的：生日、紀念日、換工作。但不論是社會還是個人地標，這些時間地標都具有兩種目的。

首先，它們讓人開設「新的心理帳戶」，就跟企業行號在會計年度結束時結帳，為新的年度建立新的分類帳一樣。這段新的時期，讓我們把舊的自己歸到過去，提供了一個重新開始的機會。它讓我們脫離過去的我犯下的錯誤，以及過去的我擁有的缺點，讓我們對於新的、更好的自我感到有信心。在這樣的信心加持下，我們「比過去表現得更好，有更多熱情努力達成我們的抱負」。[17] 廣告商通常會在一月使用這句話：「新的一年，新的自己」。我們在運用時間地標的時候，腦袋裡想的就是這件事。[18] **「舊的我」從來不用牙線，但「新的我」在暑假結束後的第一天重生了，會跟口腔保健當好朋友。**

這些時間標示的第二個目的是將我們從樹上抖落，使我們得以一窺森林的面貌。「時間地標打斷人們對日常瑣事的注意，讓人用更廣的視角看待他們的生活，進而專注追求目標。」[19] 再想一下那些空間上的地標。你有可能開上好幾公里的路，壓根沒有注意到四周的環境。但那個轉角處醒目的殼牌加油站，卻讓你注意到了。全新開始日也是這樣。丹尼爾·康納曼在快思（根據直覺做出決定，這個決定會被認知偏誤扭曲）和慢想（根據道理做出決定，這個決定受深思熟慮所引導）之間劃出一道分界。時間地標會讓我們的思維放慢，讓我們更能仔細思考並且做出更完善的決定。[20]

全新開始效應所蘊含的意義，和引發這個效應的因素一樣，分為個人和社會兩個層面。在起步時——例如換新工作、負責重要的案子或嘗試改善健康——跌跌撞撞的個人，可以藉由時間地標來改變路線，重新開始。如華頓商學院的研究人員所言，人們可以「在他們的個人歷程中，有策略地〔創造〕轉捩點」。[21]

來看智利裔美國小說家伊莎貝·阿言德（Isabel Allende）的例子。一九八一年一月八日，她給病危的祖父寫了一封信。那封信為她的第一本小說《精靈之屋》（*The House of the Spirits*）打下基礎。從那時起，她每次都在同樣的日子開始寫之後的每一本小說，用一月八日當做時間地標，為新計畫展開全新的里程碑。[22]

戴恆晨、米爾科曼、里斯在後來的研究中發現，將個人意義注入在其他方面表現平凡的日子，能產生力量使人啟動新的開始。[23] 舉例來說，他們將三月二十日定為春季的第一天，比起只是將這一天視為三月的第三個星期四時，這個日子能使人有一個更有效的全新開始。對參與研究的猶太受試者來說，將十月五日重新看做贖罪日（Yom Kippur）過後的第一天，比想成該年度的第兩百七十八天更能激勵人心。定出具有個人意義的日子——孩子的生日，或你和伴侶交往周年的第一天——能抹除錯誤的開端，幫助我們重新來過。

組織機構也能援用這個技巧。近期有研究顯示，全新開始效應也適用於團隊。[24] 假如公司在新的一季開始時表現不佳，與其等到下一季（全新開始的明確日子）才來解決混亂的狀況，領頭的人可以找個更快到來而且富含意義的時刻——也許是關鍵產品的上市周年紀念日——把先前的失敗歸給過去，幫助團隊回到正軌。或者，假如有些員工沒有定期把錢撥到退休金帳戶裡，或是沒有出席重要的訓練課程。在他們生日的時候發出提醒，會比其他日子更能催促他們有所作為。里斯發現，消費者在定為全新開始的日子，也有可能對訊息有更高的接受度。[25] 如果你想鼓勵別人吃得更健康，以「周一無肉日」做為號召，會比宣傳「周四全素日」有效得多。

新年第一天長久以來對於我們的行為具有特殊的影響力。我們翻開日曆的第一頁，瞥見那所有美好的空格，開始啟用新的日記手帳。但在我們那樣做的時候，往往是處於不經意的狀態，對我們所依賴的心理機制視而不見。全新開始效應能讓我們在許多日子用上同樣的技巧，不過是在有意識

而刻意的狀態下使用。說到底，新年新希望可是一點都不簡
單的事。研究顯示，新的一年開始一個月後，只有百分之六
十四的新希望還在繼續執行。[26] 建立我們自己的時間地標，
尤其是具有個人意義的標示，讓我們有更多機會能從差勁的
開端振作起來，重新開始。

一起開始

　　一九八六年六月，我從大學畢業，沒有工作。一九八六
年七月，我搬到華盛頓特區，展開大學畢業後的生活。到
一九八六年八月的時候，我就業了，正在做我的第一份工
作。從我在大學禮堂拿到畢業證書，到我在華盛頓市中心安
頓辦公桌，中間經過的時間不到六十天（而且我甚至沒有把
這些日子全部用在找工作上。有時候，我是在打包和搬家。
有時候，我是趁著找工作的空檔，在書店打工賺自己的生活
費）。

　　我很想相信，我從沒有工作的大學畢業生到成為年紀輕
輕的上班族，這段快速轉換的過程是因為我有亮眼的文憑，
還有使我脫穎而出的個人特質，但更合理的原因你現在應該
不會感到驚訝了，是時機。我在幸運的時間畢業。一九八六
年，美國正在脫離大蕭條，經濟準備一飛沖天。那一年的全
國失業率是百分之七──不是多驚人的數字，但和一九八
二、一九八三年將近百分之十相比，已經下降非常多了。這

表示，比起那些進入就業市場也沒早我幾年的人，我找工作比較容易。事情沒那麼複雜：你不需要經濟學文憑也能了解，失業率在百分之七的時候，比百分之十的時候容易找工作。不過，繁榮的經濟狀況一直延續到我做第一份工作的時候，在這種時刻展開就業生涯純粹是種幸運，你得是一名優秀的經濟學家，才能明白我從中獲得的好處。

麗莎・卡恩（Lisa Kahn）是一位非常優秀的經濟學家。她在經濟學的世界裡打響名號，是因為研究像我這樣的人——在一九八〇年代從大學畢業的白人男性。在耶魯大學管理學院教書的卡恩，從全美青年縱向調查（National Longitudinal Survey of Youth）取得資料，這項調查每年抽出具代表性的美國青年人口樣本，詢問他們的教育、健康和就業狀況。她從資料中挑選出一九七九到一九八九之間從大學畢業的白人男性，並檢視往後二十年中這些人發生的事情。*

她的重大發現是：這些男性開始工作的**時間**，強烈影響他們的發展方向和發展程度。那些在經濟疲弱不振時進入就業市場的人，在剛開始工作時賺的錢，比在經濟強健時就業的人少——這並不怎麼令人驚訝。可是，這種輸在起跑點的不利狀況並不會消失，而是會持續影響二十年之久。

---

*卡恩選擇白人男性是因為，他們的就業和未來收入狀況比較不會受種族和性別歧視所影響，而且他們的職業發展比較不會被生小孩干擾。如此一來，她便能將經濟狀況跟膚色、族裔、性別之類的因素分開。

　　她寫道：「在經濟差的時候從大學畢業，對薪資具有長遠而且負面的影響」。不幸在經濟蕭條時開始工作的大學畢業生，一畢業，賺的錢就比像我這樣在穩健時代畢業的幸運傢伙少——而且他們通常要花**二十年**才能追上。平均來看，即使是工作十五年後，在失業率高的時期畢業的人，收入依然比在失業率低的年份畢業的人少了百分之二‧五。在某些例子中，在經濟特別強健的年份畢業的人和經濟特別疲弱的年份畢業的人相比，兩者的薪資差異是百分之二十——這種狀況不僅出現在剛畢業的時候，連這些男性到了三十歲的尾巴都依然如此。[27] 以調整過通貨膨脹的情況而言，在蕭條的年份而非繁榮的年份畢業，其總成本平均落在十萬美元左右。時機並非一切——但時機可以造成六位數的差異。

　　又一次，「開端」引發一連串事件，經過證明，這些事件很難阻止它不發生。人一生的所得成長，有很大的一部分是發生在職業生涯的頭十年。開始時擁有比較高的薪水，讓人站在位置比較高的初始軌跡上。但那不只是剛開始的優勢而已。要賺更多的錢，最好的方式是讓你的特殊才能配合雇主的特殊需求。這樣的狀況很少發生在人們的第一份工作當中（例如，我自己的第一份工作最後變成一場災難）。所以，人們會辭職找新工作——通常每幾年一次——好讓才能和需求搭配得宜。甚至可以說，在職業生涯初期調薪的最快方法，其中一種就是經常換工作。不過，如果經濟表現不佳，很難換工作。雇主不雇人，這就表示，在蕭條時期進入勞動市場的人，通常會困在不符才能的工作當中比較久。他們無法輕易跳槽，所以要花比較久的時間來找比較恰當的搭配組合，開始踏上調薪的路。卡恩在就業市場中發現的事，混沌與複雜理論的學者早就知道了：在任何動態系統裡，初始條件對於系統居民的遭遇有非常大的影響。[28]

其他經濟學家也發現，開端對人們的生計發揮強而有力且無形的影響。在加拿大有一項研究發現，「對剛畢業的大學生來說，經濟衰退的成本相當可觀而且並不平均。」運氣差的畢業生會經歷「長達十年之久的收入衰退」，其中才能最差的工作者影響最大。[29]也許最後傷口會癒合，卻會留下傷疤。一項二〇一七年的研究發現，管理者開始工作時的經濟情況，會在他們成為執行長後留下影響持久的效果。在衰退時期畢業使人更難找到第一份工作，因此比起在大型上市公司找到職位，胸懷大志的管理者比較有可能在小型私人公司就業——這就表示，他們開始爬一條比較短的梯子，而不是比較長的梯子。那些在衰退時期展開職業生涯的人的確當上了執行長，但比起在繁榮時期畢業的人，他們在比較小型的公司擔任執行長，而且賺的錢也比較少。這項研究發現，衰退時期的畢業生也具有比較保守的管理風格，也許是開端比較不確定所產生的後續效應。[30]

針對史丹佛大學企業管理碩士進行的研究發現，畢業時的股票市場狀態會影響這些畢業生的終身所得。這個描述當中的邏輯，和這個研究當中的狀況存在著三項關聯。第一點,在牛市時期畢業的學生比較有可能在華爾街找到工作。相反地,在熊市時期,相當多畢業生選擇做其他工作——擔任顧問、創業或在非營利機構工作。第二點,在華爾街工作的人傾向於留在華爾街繼續工作。第三點,投資銀行家和其他財務專家通常比其他領域的人賺得多。結果,「在牛市時期畢業的人」進入投資銀行工作,比「同樣一個但在熊市時期畢業的人所賺的錢」多一百五十萬到五百萬美元,所以那些人不會進華爾街工作。[31]

知道震盪的股市使某些優秀的企業管理碩士選擇進入麥肯錫或貝恩公司(Bain),而非高盛或摩根士丹利,因此讓他們變得非常富有,而非有錢得不像話,令我依然能夠高枕無憂。但開端對大批勞動人口造成的影響比較麻煩,特別是,在二〇〇七到二〇一〇年經濟大蕭條期間進入就業市場的人口,這批早期資料看起來尤其悲觀。卡恩和兩位耶魯大學的同事發現,二〇一〇年和二〇一一年的畢業生所遭受的負面影響,「比我們根據既有模式預測的高出一倍」。[32] 紐約聯邦準備銀行(Federal Reserve Bank of New York)在觀察早期指標後提出警告:「在勞動市場恢復狀況極差的時期開始工作的人,薪資可能會受到**永久的**負面影響。」[33]

這是棘手的問題。如果今天的薪水有一大部分取決於開始工作時的失業率,而不是目前的失業率,先前這一章提出的兩項策略——正確起步、重新開始——就不夠用了。[34] 我們無法像上學時間那樣單方面解決問題,只是命令每個人都在健全的經濟時期展開職業生涯就好。我們也無法採取個別的手段,藉由鼓勵大家在生日後的那一天找新工作,從艱難的起步中恢復,來解決這個問題。面臨這類問題,我們必須和大家一起開始。而先前提過兩種聰明的解決辦法,或多或少能為我們指引方向。

許多年來美國的教學醫院都面臨所謂的「七月效應」(July effect)。每年七月,一批剛從醫學院畢業的學生開始展開醫生的職業生涯。雖然這些男男女女沒有多少課堂以外的經驗,但教學醫院通常會讓他們承擔治療病患的重責大任。這就是他們學會這門職業技術的方法。這個方式唯一的缺點就是病患常常因為這種在職訓練受苦——而七月則是情況最慘的月份(在英國,這個月份來得比較晚,而且用語更強烈,英國醫生將新手醫師開始執業的時期稱為「八月殺戮季」〔August killing season〕)。舉個例子,一項以超過二十五年的美國死亡證明書為資料所進行的研究發現,「在設有教學醫院的郡,只有在七月,致命醫療疏失激增百分之十。相反地,沒有教學醫院的郡並未出現七月激增的情形。」[35]其他以教學醫院為對象進行的研究發現,比起四月和五月的病患,七月和八月的病患發生手術問題的機率高出百分之十八,在手術中死亡的機率高出百分之四十一。[36]

但教學醫院在過去十年當中努力修正這個現象。他們沒有說差勁的開始是身為個人所無法避免的問題,而是以團體為單位讓這個問題能夠加以預防。現在,像我在密西根大學參觀的那間醫院一樣,在教學醫院裡,住院醫師開始看病的時候是和團隊一起工作,這個團隊裡頭包括資深的護理師、醫師和其他專業人員。透過一起開始,像密西根大學醫學中心這樣的醫院已經大幅降低七月效應帶來的影響。

又或者,思考一下低收入社區的小媽媽所生的寶寶。在這種情況下出生的孩子,通常會經歷糟糕的開始。但是,已經有一項有效的解決措施正在實施當中,用來確保母親和嬰兒在開始的時候不是只有自己而已。有一項名為「護理家庭夥伴關係」(Nurse-Family Partnership)的全國計畫在一九七〇年代展開,請護理師拜訪孕婦並協助她們生下寶寶,讓這些寶寶有個更好的開始。這項計畫現在在全美八百個自治市推行,接受嚴格的外界評估,而且評估結果良好。護理師的造訪降低了嬰兒的死亡率,減少行為和注意方面的問題,大幅縮減家戶對食物券和其他社會福利計畫的依賴程度。[37] 此外,還改善孩子的健康和學習狀況,提升哺乳率和疫苗接種率,並且提高母親尋找和繼續從事有薪工作的機率。[38] 許多歐洲國家透過訂立政策,實施這類造訪的做法。不管是出於道德(這些計畫能拯救性命)還是財政(長期下來這些計畫能省錢)方面的理由,原則都是一樣的:與其強迫弱勢的人自力更生,一起開始能讓每個人表現得比較好。

我們可以將類似的原則運用於解決人們在經濟糟糕時開始工作所衍生的問題(起因並非他們自己的錯)。我們不能用「喔,那只是因為時機很糟,我們束手無策」來打發這個問題。我們反而應該認清,有很多人賺得太少或掙扎著想要成功,會影響我們大家——狀況是,買我們產品的顧客變少,而且要提高稅賦來處理機會受限的後果。或許有個解決辦法,就是以失業率為目標,由政府和大學實施學貸減免計畫。如果失業率超過某個比率——假設是百分之七‧五——那麼剛畢業的學生可以免還某個比例的貸款。又或者,如果失業率超過某個限度,應該要釋出大學或聯邦資金,花錢聘請就業顧問,協助剛畢業的學生奮力走過這個最近才變崎嶇的地帶——很像聯邦政府在水患地區安置沙包和部署美國陸軍工程兵團的做法。

這裡的目標在於要認知到,進展緩慢的「時機」問題,其嚴重程度就和發展快速的「什麼」災難一樣——同樣值得我們一起做出反應。

我們大部分的人都有這個觀念,知道開端至關重要。現在,時機的科學讓我們看見,開端甚至比我們所料想的更有力量。「開端」跟我們在一起的時間,比我們所知道的還要久上許多,影響會一直延續到最後。

正是這個原因,當我們要克服生活中的挑戰時——無論是想減掉幾公斤、幫助孩子學習,還是確保跟我們一起住在同一座城市的人不會陷入每下愈況的情境——我們得擴大反應的類別,在「什麼」的旁邊加上「什麼時候」。在科學的支援下,我們能在正確起步這方面做得更好——包括學校和之後的生活。知道我們的心智是如何看待時間的，能幫助我們運用時間地標，從錯誤的起步中恢復並且重新來過。了解糟糕的開端有多不公平——以及會持續多久——也許能促使我們更常做到一起開始。

轉移我們的焦點——並且像重視「什麼」一樣，重視「什麼時候」——不會修正所有的壞事，但這是個好的開始。

時間駭客指南

·第 3 章·

以事前驗屍避免錯誤的開始

從錯誤的開始中恢復，最好的辦法就是從頭避免發生錯誤。而要這麼做，最好的技巧是一種稱為「事前驗屍」（premortem）的做法。

你也許聽過驗屍——驗屍官和醫師檢查屍體，判定死亡原因。事前驗屍是心理學家蓋瑞‧克萊恩（Gary Klein）獨創的概念，原則和驗屍一樣，但是將檢查的過程從事後移到事前。[1]

假如你和你的團隊即將推行一項專案。在專案開始之前，集合大家進行事前驗屍。你向團隊表示：「假設在十八個月後，我們的專案進行得慘不忍睹，是什麼出了錯？」團隊成員運用預期後見之明（prospective hindsight）的力量，給出幾個答案。也許是任務沒有明確定義。也許是人太少、人太多或人不對。也許是你們沒有明確的領袖或實際的目標。透過事先想像失敗的狀況——思考什麼有可能造成錯誤的開端——你能預測一些可能發生的問題，並在專案實際進行時加以避免。

剛好，我在開始寫這本書之前，就進行了一次事前驗屍。我預估的時間是動筆的兩年之後，我想像自己寫出一本糟糕的書，或者更慘，我根本沒有成功寫出一本書來。我在哪裡出錯了？在檢視過我給的答案後，我明白自己必須對每天寫書這件事保持警覺，要拒絕外界加諸於我的責任義務，這樣我才不會分心，讓編輯知道我的進展（或出現停滯），在思考打結需要釐清的時候盡早得到他的幫助。接著，我在一張卡片上，就這些看法寫出正面的版本——例如，「我每天早上都努力寫這本書，至少一個星期六天，不分心，沒有例外。」——並把卡片貼在書桌附近。

這個技巧讓我在腦中事先犯錯，而不是等到實際進行專案時，在現實生活中出錯。親愛的讀者，這個事前驗屍的做法有沒有效果，我要讓你自己決定。但我鼓勵大家試一試，用這個辦法來避免自己一開始就犯錯。

一年當中你可以重新開始的八十六天

你已經讀過時間地標的介紹，以及我們如何用時間地標塑造全新的開始。為了在你尋找著手寫小說或展開馬拉松訓練的理想日子時提供幫助，用以下這八十六天當做全新的開始，會特別有效：

- 月份的第一天（十二天）
- 星期一（五十二天）
- 春、夏、秋、冬的第一天（四天）
- 你們國家的國慶日或類似節日（一天）
- 重要的宗教節日——例如：復活節、猶太新年、開齋節（一天）
- 你的生日（一天）

- 情人的生日（一天）
- 開學第一天或學期第一天（兩天）
- 到職第一天（一天）
- 畢業後第一天（一天）
- 寒暑假結束後第一天（兩天）
- 結婚、第一次約會或離婚紀念日（三天）
- 開始工作、取得公民身分、領養小狗或小貓、從學校或大學畢業的紀念日（四天）
- 看完這本書的日子（一天）

什麼時候要衝第一？

人生不是一直都在競爭，但有時候人生是**一連串**的競爭。不論你是其中一個參加工作面試的人，其中一間競爭生意的公司，還是全國電視歌唱大賽的參賽者，你在什麼「時候」競爭，可能和你做什麼一樣重要。

以下依據多項研究提供一套戰略，供大家參考什麼時候該衝第一，什麼時候不要：

四種應該衝第一的情境

1、如果你是候選人（角逐郡長、舞會皇后、奧斯卡獎），列在第一個對你有利。研究人員從成千上百場選舉中——從校委會到市議會，從加州到德州——研究出這個效應；投票的人總是偏好列在候選人名單上第一位的名字。[2]

2、如果你**不是**預設人選——例如，假設你的對手公司已經和你想爭取的客戶有合作關係——衝第一有助於令決策者對你刮目相看。[3]

3、如果競爭者相當少（譬如，五名以下），衝第一能幫助你從「初始效應」（primacy effect）得到好處；這個效應是指，比起後到的人，人們傾向於對先來的人有比較深刻的印象。[4]

4、如果你正在參加工作面試，而且要面對好幾名強勁的競爭對手，你也許能從當第一來獲得優勢。烏里・西蒙松（Uri Simonsohn）和法蘭西絲卡・吉諾檢視超過九千場企業管理職面試，發現面試官經常出現「狹窄性取景」（narrow bracketing）的情形——預設一小組候選人代表整個群體。所以，假如他們在比較早的時段遇到好幾名強勁的求職者，可能會在比較後面的時候積極尋找缺點。[5]

四種不應該衝第一的情境

1、如果你**是**預設人選，**不要**衝第一。回想一下第一章的內容：評審在一天當中較晚的時段（他們這時累了），比稍早時段或休息過後（他們這時恢復活力）更有可能沿用預定選項。[6]

2、如果有很多競爭對手（不一定要很強，只要人數很多），晚一點參加能產生些微優勢，而且最後一個參加能帶來巨大優勢。在針對橫跨八國、超過一千五百名《美國偶像》現場比賽的表演者所進行的研究當中，研究人員發現，最後一名上場的歌唱者，有大約百分之九十的機率晉級下一輪。幾乎一樣的模式，出現在花式溜冰比賽中，甚至是品酒活動裡。社會心理學家亞當‧賈林斯基（Adam Galinsky）和莫里斯‧史威瑟（Maurice Schweitzer）表示，比賽剛開始的時候，評審對優秀表現有一套理想標準。隨著賽事展開，他們發展出更符合實際狀況的準則；這對後上場的參賽者有利，他們會從看過其他人的表現而獲得額外優勢。[7]

3、如果你處在不確定的情境中，不衝第一對你有利。如果你不知道決策者的期待，讓其他人先上，做選擇的人和你都會凝聚出更清楚的標準。[8]

4、如果競爭沒什麼看頭，在快結束的時候上場能凸顯你的不同之處，令你獲得優勢。西蒙松表示：「如果當天的比賽很弱，有很多差勁的參賽者，最後一個上場會是非常好的主意。」[9]

新工作快速上手的四個祕訣

　　你已經讀到在經濟衰退期畢業的危險。對於避免那樣的命運，我們能做的不多。但是不管我們什麼時候開始做新工作——經濟衰退或經濟繁榮——我們都能影響自己多享受從事這份工作，以及能把工作做得多好。了解這點後，以下四項是有研究提供支持所做的建議，讓你在新工作中快速上手。

1、在開始之前開始。

　　經營管理顧問麥可‧瓦金斯（Michael Watkins）建議挑一個特定的日子和時間，預先在腦中看見自己「變身」成新的角色。[10] 如果你的自我形象還困在過去，那你很難快速起步。走進大門之前，在心裡想像自己「變成」一個新的人，你將大放異彩。這個方法對擔任領導角色的人尤其有效。哈佛退休教授瑞姆‧夏藍（Ram Charan）表示，轉換之中最困難的其中一種是從專才變成通才。[11] 所以，在你設想新角色的時候，別忘了看一看新角色和大的藍圖之間有何關聯。至於終極版的新工作——成為美國總統——研究顯示，總統當得好不好，最好的預測指標是多早開始轉換，以及轉換是否有效進行。[12]

2、讓成績說話。

　　新工作可能會令人氣餒，因為你必須在組織階層中站穩腳步。許多人對他們剛開始的緊張感過度補償，太快也太早堅持立場了。這樣有可能造成反效果。加州大學洛杉磯分校的科瑞恩‧班德斯基（Corinne Bendersky）所做的研究指出，外向的人會隨著時間推移而在團體裡失去地位。[13] 所以，剛開始，要專心實現幾項有意義的成就，等你藉著拿出優異表現取得地位之後，再依照自己的想法堅持立場。

3、儲存動機。

第一天擔任新職務的時候，你會充滿幹勁。到了第三十天呢？也許少了一些吧。動機是一陣一陣湧出的──因此，史丹佛心理學家法格（B. J. Fogg）建議，要利用「動機浪潮」（motivation waves），幫你撐過「動機的低谷期」（motivation troughs）。[14] 如果你是業務新手，要利用動機浪潮建立領先地位、安排電話溝通事宜，以及掌握新的技巧。在低谷期，你將享受推展核心工作的樂趣，而不用擔心比較無聊的次要任務。

4、用一次次小勝利來維持士氣。

雖然開始做新工作，和戒除癮頭並不是百分百一樣，但匿名戒酒會（Alcoholics Anonymous）這一類的計畫，的確為我們指引出某些方向。這些計畫不會要求成員做到永遠保持酒醒的程度，而是要他們成功做到「一次維持二十四小時」，這就是卡爾‧維克（Karl Weick）在富開創性的研究中所提到的「小勝利」（small wins）。[15] 哈佛教授泰瑞莎・艾默伯（Teresa Amabile）也贊同這個觀點。她在檢視數百名工作者所寫的一萬兩千則日記內容後發現，最大的激勵因素就是在有意義的工作中取得進展。[16] 勝利不需要規模宏大才能產生意義。展開新職務的時候，你可以設立幾個「達成性高」的小目標，並在實現目標時加以慶祝。這些目標會給你動機和能量，讓你繼續面對這一路下去比較令人感到氣餒的挑戰。

什麼時候該結婚？

對我們許多人來說，人生中最重要的一個開始就是結婚。你該和誰結婚，這個問題我讓別人來提供建議。但我可以針對結婚給你一些指引。時機的科學不會提供絕對的答案，但的確有三項普遍適用的準則：

1、等你年紀夠大（但不要太老）。

年紀很輕就結婚的人比較容易離婚，這件事也許不會令你感到驚訝。舉例來說，根據猶他大學社會學家尼可拉斯・沃爾芬格（Nicholas Wolfinger）的分析，在二十五歲時結婚的美國人，比在二十四歲結婚的人，離婚率低百分之十一。但等太久則有不利之處。超過三十二歲——甚至是在控制宗教、教育程度、地理位置以及其他變因之下——至少在接下來的十年之內，每增加一年，離婚率就提高百分之五。[17]

2、等你完成學業。

如果情侶在結婚之前接受教育的程度比較高，他們比較容易對婚姻感到滿意，而且離婚的機率比較低。以兩對情侶為例，兩對的年紀和族裔一樣、收入相當，在學校接受教育的時間也相同。即使是在這兩對情況類似的情侶之間，完成學業後才結婚的那一對，婚姻可能會維繫得比較久。[18] 所以，在你進入婚姻關係之前，能完成多少學業就完成多少學業吧。

3、等關係成熟再結婚。

埃默里大學（Emory University）的安德魯·法蘭西斯－譚（Andrew Francis-Tan）和雨果·米亞隆（Hugo Mialon）發現，婚前至少交往一年的情侶，比起較快進入婚姻的人，離婚率低百分之二十。[19] 交往超過三年的情侶，在互相交換誓約後分開的機率甚至更低（法蘭西斯－譚和米亞隆還發現，情侶花愈多錢在婚禮和訂婚戒指上，愈有可能離婚）。

簡單來說，關於這個人生的終極「時機」問題，忘掉浪漫，聽科學家的話吧。長遠規畫勝過一時激情。

中間點

光明節蠟燭與中年危機能教會我們有關動機的哪些事

當你進入故事的中章，那根本不是一篇故事，只是一團迷霧；
是黑暗的嘶吼，是盲目，是破碎的玻璃和斷裂的木頭殘骸。

——瑪格麗特・愛特伍（Margaret Atwood），《雙面葛蕾斯》（*Alias Grace*）

我們的人生很少會順著明確的直線道路前進。比較常發生的是，人生是一連串的事件——有開始、中間和結尾。我們常常記得開始。（你能想起和配偶或另一半的第一次約會嗎？）結尾也很突出。（聽見父母、祖父母或情人的死訊時你身在何處？）但是中間那段卻模糊不清，它們不會重新出現，而是逐漸變淡。這個嘛，它們在中途就遺失了。

然而，時機的科學顯示，中間點對我們做的事情和做事方法有強烈影響。有時候，來到中間點——專案、學期、人生的中點——會使我們興趣減退並拖延進度。有時候，中間點有鼓舞和刺激的作用；進入中間點會喚醒我們的動機，驅使我們踏上更光明的道路。

我將這兩種效應稱為「萎靡」和「活力」。

中間點能使我們消沉，那是萎靡效應。但中間點也能使我們奮發向上，那是活力效應。我們要怎麼區分呢？而且，如果有這兩種效應的話，要怎麼讓萎靡變成活力？要找出答案，必須點上幾根節日蠟燭、製作電臺廣告，還要回顧一場精采絕倫的大學籃球比賽。不過，我們的探索要從許多人心目中，在生理、情緒和存在方面，最極致的中場下坡——中年——出發。

我就喜歡那樣的「U」*

一九六五年，沒沒無聞的加拿大精神分析學家艾略特．雅克（Elliott Jaques）在一份沒沒無聞的刊物《國際精神分析期刊》（*International Journal of Psychoanalysis*）上發表一篇論文。雅克檢視知名藝術家的傳記，這些藝術家包括莫札特、拉斐爾、但丁和高更。他注意到，這些人當中似乎有非常多是在三十七歲的時候去世。他在這層有事實根據的脆弱基礎上，用佛洛伊德的話添加幾個樓層，在中間丟進一個用模糊不清的臨床軼事組成的樓梯間，造出一個結構完整的理論。

雅克寫道：「在個人的發展過程中，有幾個關鍵階段具

---

*譯注：原標題為That's what I like about U，其中「U」是「You」（你）的諧音。

有轉折點或快速轉換期的特性。」而且他說,人們最不熟悉
卻最重要的階段,發生在三十五歲左右──「我要將其稱為
中年危機。」[1]

砰!

概念引爆。「中年危機」一詞就此躍上雜誌封面,潛入
電視談話中。至少二十個年頭,出了好幾十部相關的好萊塢
電影,專題討論會產業也藉此存續。[2]

雅克表示,「中年的核心和關鍵特色」在於「個人最
終會死亡這件事無可避免」。當人們到達生命的中點,突
然察覺死神正在遠方,於是開啟「心理困擾和抑鬱性崩潰
(depressive breakdown)的時期」。[3] 擺脫不掉死亡幽靈的中
年人,不是屈服於死之必然,就是徹底改變自己的路線來逃
避死亡。這個詞彙以驚人的速度滲入全球對話。

今時今日,人們依然說著這件事;那種每次都會出現的
文化場景,畫面永遠那麼鮮明。即便中年危機已經演化出現
代版本,我們還是知道它的樣子。媽媽衝動買下一輛桃紅色
的瑪莎拉蒂──在中年危機的場景中,總是出現紅色的跑車
──和她二十五歲的助理一起,轟地一聲把車開走。爸爸和
清理泳池的小鮮肉離家出走,到帛琉開一家全素咖啡館。在
雅克擲出那顆概念手榴彈的整整五十年後,中年危機隨處可
見。

隨處可見,卻沒有證據。

不論發展心理學家是在實驗室研究,還是進行田野調

查，很多都一無所獲。民意調查專家想透過民意調查聽一聽中年危機的事，但這個想像中的衷心呼籲卻幾乎沒有讓人留下深刻印象。取而代之的是，過去十年以來，研究人員發現一個比較平靜的中年模式；這個模式在全世界一致得令人驚訝，而且反映出，關於各類事物的中間點，存在一個適用範圍更大的真實情形。

舉例來說，二〇一〇年，包括獲得諾貝爾獎的經濟學家安格斯‧迪頓（Angus Deaton）在內，四位社會科學家描繪出他們所謂的「美國年齡福祉分布概況」。這個團隊要求三十四萬名受試者想像自己在一個階梯上，最下面一階是零，最上面一階是十。假設最上面的一階代表他們可能過的最好生活，最下面則代表可能過的最差生活，他們現在站在哪一階上？（這個問題巧妙地探問：「從零到十，你有多快

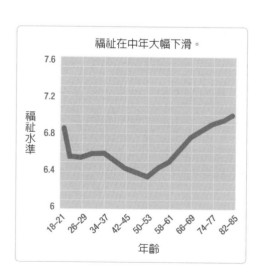

福祉在中年大幅下滑。

樂？」）即使在控制所得和人口統計資料等因素之下，結果依然呈現出淺U的形狀，跟你在圖中看到的類似。二、三十歲的人相當快樂，四十歲和五十歲出頭的人比較不快樂，大約五

十五歲之後再度回到快樂的狀態。[4]

中年福祉並非以災難一般、改變一生的方式崩塌，只是疲軟不振而已。

這個表示快樂程度的U字形——溫和地下降，並非一場激烈危機——是非常有力的發現。稍早之前，大衛‧布蘭奇弗勞爾（David Blanchflower）和安德魯‧奧斯瓦德（Andrew Oswald）這兩位經濟學家，研究超過五十萬名美國人和歐洲人，發現福祉都會在中年左右下滑。他們觀察到：「這種規律性令人好奇。這個U字形在男、女身上類似，在大西洋兩岸也類似。」但這並非只是盎格魯美國人才有的現象。布蘭奇弗勞爾和奧斯瓦德也分析全世界的資料，並且得到引人注目的發現。「我們總共在七十二個國家記下表示幸福或人生滿意的U字形，在統計上數量相當可觀」，他們這麼寫道，這些國家包括阿爾巴尼亞、阿根廷，以及烏茲別克和辛巴威等單一民族獨立國家。[5]

一項又一項的研究，橫跨社會經濟學、人口統計學和人生際遇等各種領域，其範圍之廣令人驚奇，卻在在得出同樣一個結論：幸福在成年的早期攀升到高位，但在三十歲後半段和四十歲前半段開始下滑，到五十歲時降到低點[6]（布蘭奇弗勞爾和奧斯瓦德發現，「美國男性的個人福祉預估在五十二‧九歲跌至谷底」[7]）。但我們會從這樣的衰頹中快速恢復，而且往後的福祉通常會超越年輕時期。艾略特‧雅克的方向對了，只是搭上錯誤的列車。中年時期，我們的確會發生某種狀況，但實際證據顯示，這種狀況比他原本的推測輕微多了。

但為什麼會這樣呢？為什麼這個中間點會使我們洩氣？其中一個可能性是期待沒有實現的失望感。在天真的二、三十歲時期，我們抱持很大的希望，想像著光明燦爛的情境。然後，現實就像屋頂漏水般滴落下來。只有一個人能當上執行長——而且那個人不會是你。有些人的婚姻破滅了——而你的婚姻，真不巧，就是其中之一。你連自己的抵押貸款都差點付不出來，那個擁有英格蘭超級足球聯賽隊伍的美夢變得如此遙遠。然而，我們不會永遠留在情緒的地下室（emotional basement）裡，因為隨著時間過去，我們會調整自己的志向，然後明白人生其實還不錯。簡單來說，中間點發生下降，是因為我們在預測方面很差勁。年輕時我們期望過高，年歲增長後又期望過低。[8]

不過，另外一種解釋也有可能。二〇一二年，五位科學家找來三個國家的動物園管理員和動物研究人員，藉由他們的協助，深入了解他們一起照顧的五百多隻巨猿。這些靈長類動物——黑猩猩和猩猩——從嬰兒到年紀較長的成年猿類都有。研究人員想知道牠們過得好不好。所以，他們找人為這些猿類的心情和福祉評等（別笑，研究人員解釋，他們使用的問卷「是一種完善的方法，能針對囚禁中的靈長類進行正面效應評估」）。之後，他們將幸福等級和巨猿的年齡搭配起來，結果產生出這張圖表。[9]

　　因此，有趣的可能性出現了：中間點衰頹的情形，是否比較有可能是生理現象，而非社會現象；比較不是可以塑造的反應，而是一種不可改變的自然力量？

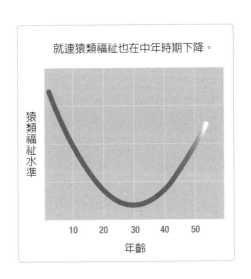

就連猿類福祉也在中年時期下降。

猿類福祉水準

10　20　30　40　50

年齡

點蠟燭 vs. 圖方便

　　傳統上，一盒光明節所使用的蠟燭共四十四根，這是猶太教法典中規定的精確數字。光明節總共一連八個晚上，猶太人每天晚上要遵循儀式，點燃放在光明節燈臺上的蠟燭。第一天晚上主持儀式的人點燃一根蠟燭，第二天晚上點燃第二根，然後一直點下去。因為遵循儀式的人每點一根蠟燭就多點一根輔助蠟燭，結果他們變成在第一天晚上點兩根

蠟燭,第二天晚上點三根蠟燭,直到最後的第八天點九根蠟燭,因此產生下面的公式:

$$2+3+4+5+6+7+8+9=44$$

四十四根蠟燭表示,節日結束時,整盒蠟燭都用光了。可是,在全世界的猶太家庭,家裡的人過完光明節,盒子裡每次都會留下蠟燭。

怎麼了?這道蠟燭謎題要怎麼解答?

黛安·梅塔(Diane Mehta)給了其中一部分答案。梅塔是住在紐約的小說家和詩人。她的母親是一名來自布魯克林的猶太教徒,父親則是來自印度的耆那教徒。她在紐澤西長大的時候,在那裡慶祝光明節,熱切地點燃蠟燭,「拿到襪子之類的禮物」。在她的兒子出生後,他也很愛點蠟燭。但隨著時間的推移——換工作、離婚,發生人生中常見的起起落落——她不再像以前那樣有規律地點起蠟燭。「我剛開始的時候會很興奮,」她告訴我:「但幾天之後,我就停止了。」兒子跟爸爸在一起,沒有和她在一起的時候,她就沒有點蠟燭。但是她說,有時候,接近節日的尾聲了,「我會注意到,現在還是光明節,所以我又點起了蠟燭。我會對兒子說,這是最後一個晚上,我們應該點蠟燭。」

梅塔通常在光明節開始的時候滿心熱情,結束的時候意志堅定,但在中間的時候馬馬虎虎。她有時會在第三天、第四天、第五天、第六天晚上忘記點蠟燭——所以節日結束時盒子裡總是還有蠟燭。而且，有這種狀況的不光是她一個人。

瑪芙里瑪·圖瑞－提勒利（Maferima Touré-Tillery）和艾耶萊·費雪巴赫（Ayelet Fishbach）是兩位社會科學家，她們研究人們如何追求目標並遵循個人標準。幾年前，她們在現實世界中搜尋能夠探索這兩個概念的領域，結果發現光明節是個可以進行實地研究的理想範疇。她們追蹤超過兩百名猶太教受試者的行為，測量他們有沒有——更重要的是「什麼時候」——點燃這些蠟燭。經過八個晚上蒐集資料，她們得到以下發現：

第一晚，百分之七十六的受試者點燃蠟燭。

第二晚，百分比降到五十五。

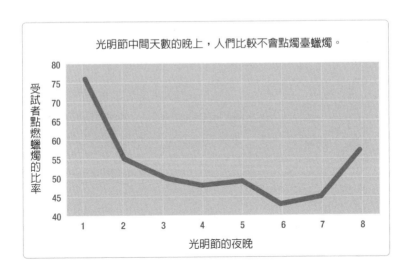

接下來的晚上，點燃蠟燭的人少於一半——只有在第八晚，數字升到百分之五十以上。

研究人員的結論是，隨著光明節的展開，「遵循標準做法的情形呈現出U形的模式。」[10]

但是也許這種下滑狀態有個簡單的解釋。也許相較於比較遵守儀式規定的人，這些沒那麼虔誠的受試者在中途就退出了，進而拉低平均數字。圖瑞－提勒利和費雪巴赫檢驗過這個可能性。她們發現U形模式在最虔誠的受試者之間變得更明顯。實際上，他們比其他人更有可能在第一晚和第八晚點起蠟燭。但是到了光明節的中間天數，「他們的行為幾乎和比較不虔誠的受試者沒有兩樣」。[11]

研究人員推測，這種情況是在「打信號」。我們都希望別人把我們想得很好。而對某些人來說，點光明節蠟燭（通常是在別人面前點燃）是符合宗教善行的一種信號。不過，主持儀式的人相信，最重要的信號——最能強烈展現他們的形象的——是開始和結束的信號。中間沒有那麼重要。結果，他們這麼想是對的。圖瑞－提勒利和費雪巴赫著手進行後續研究，要人們依照點燃蠟燭的時機，來評估虛構人物是否虔誠。此時，「受試者認為，比起在第五個晚上省略儀式的人，在第一晚和最後一晚沒有點燭臺蠟燭的人比較不虔誠。」

我們在中途放寬自己的標準，也許是因為別人也放寬了對我們的評價。出於某些難以捉摸但發人深省的理由，我們會在中間點貪圖方便——就像最後一個實驗所顯示的那樣。

圖瑞－提勒利和費雪巴赫還讓其他受試者參與一項測驗。根據她們的說法，這個實驗是要檢驗，對於長大以後就沒有使用過的技巧，年輕的成年人表現如何。她們發給受試者五張為一疊的卡片，每一張上面都畫了一個圖形。這個圖形從頭到尾都一樣，只是每一張卡片都轉到不同的位置。她們發下剪刀，要受試者盡可能小心地剪下圖案。然後，研究人員把剪下來的圖案拿給實驗室裡沒有參與實驗的人看，要他們從一到十分，為這五個圖形評分。

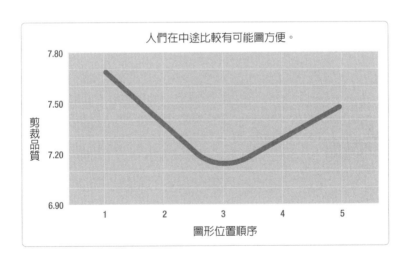

人們在中途比較有可能圖方便。

結果如何？受試者的剪刀使用技巧在開始和結束的時候分數很高，但在中間的時候分數下滑。「我們因此發現，在表現標準的範疇中，受試者比較有可能在中途，真的就是圖方便，而不會在開始和結束的時候這麼做。」

有什麼東西在中途接手了——看樣子比較像是某種天國的力量，而不是個人的選擇。就像鐘形曲線代表自然順序，U形曲線則代表另一種自然順序。我們無法排除這個力量，但它就跟任何自然力量一樣——例如：大雷雨、地心引力、人類消耗卡路里的本能——我們可以減輕隨之而來的傷害。第一步就是警覺。假如中年走下坡是無可避免的，光是知道中年會走下坡就可以減輕痛苦，跟知道這個狀態不會永久有一樣的效果。如果我們注意到自己的標準在中間點可能會下降，知道這點能幫助我們減輕後果。即使我們無法抵抗生物本能和大自然，我們可以為相關後果預先做好準備。

可是，我們還有另外一種選擇。我們可以發揮一點生物本能加以反擊。

哎呀效應

最優秀的科學家通常從小處著手、大處著想。尼爾斯·艾垂奇（Niles Eldredge）和史蒂芬·傑伊·古爾德（Stephen Jay Gould）就是這樣。一九七〇年代初期，他們兩個都還是年紀輕輕的古生物學者。艾垂奇研究一種存在於三億多年前的三葉蟲。同一時期，古爾德則致力於研究兩種加勒比海陸地區域的蝸牛。但是當艾垂奇和古爾德在一九七二年合作的時候，體型微不足道的研究對象卻令他們產生至關重要的洞見。

在那個時期，多數生物學家相信「生物漸變論」（phyletic gradualism）。根據這個理論，物種演化是緩慢而遞增的。在這種思維模式下，數百萬年以來演化逐漸進行著——自然之母和時間之父穩定合作。然而，艾垂奇和古爾德卻在他們研究的節肢動物和軟體動物化石紀錄中發現異樣之處。物種演化有時候就像蝸牛行進般遲緩。但是也有些時候，演化會突飛猛進。物種經歷了漫長的停滯期，突然遭到爆發的變化干擾。之後，變身過的新物種又經歷一段漫長的穩定期——直到另一次爆發再度突然改變它的歷程。艾垂奇和古爾德將他們的新理論稱為「間斷平衡」（punctuated equilibrium）。[12] 演化路徑並非平順地向上攀升，真實的軌跡串起來也沒有那麼直：在單調的穩定期會遭突然爆發的改變所打斷。艾垂奇古爾德理論本身就是一種間斷平衡——劇烈的重大思想變革，打斷了先前沉睡已久的演化生物學，將這個領域重新導向另外一條路徑。

十年後，有一位名叫康妮・格西克（Connie Gersick）的學者開始在另外一種有機體（人類）的自然棲息地（會議室）對其進行研究。她追蹤好幾個正在處理專案的小組——開發新帳戶的銀行專案小組、規畫一日療程的醫院行政人員、設計新電腦科學院的大學教師和行政人員——從第一場會議開始，到他們最終截止日為止。管理思想家相信，處理專案的團隊在經歷一連串階段的過程中逐步向前邁進——而格西克相信，透過錄下所有會議的影像，並逐字抄錄人們說出來的話，可以用更細的方法，了解這些連貫的團隊進展。

但她發現不連貫的情形。團隊並非經歷一套放諸四海而皆準的階段，穩定向前邁進，反倒是大肆運用變化多端、獨樹一格的方法，完成工作。醫院團隊和銀行團隊的演進方式不同，銀行團隊又和電腦科學團隊的演進方式不同。但是她寫道，即便其他各部分出現分歧，相同的是，「群體組成、維持和改變的時機。」[13]

每個團體都會先經歷長久的遲鈍階段。團隊成員有必要認識其他人，但他們完成度不高。他們會談論想法，但不會有所進展。時間一分一秒流逝，日子一天天過去。

之後，突然轉變了。格西克發現：「在集中而突發的改變當中，團體揚棄老舊的模式，重新和外界的指導者互動，採納工作方面的新觀點，並產生戲劇化的進展。」在最初的遲鈍階段之後，他們進入專心致志、閉門造車的新階段，執行計畫並快速奔向截止期限。但是，比突然爆發改變更有趣的，是改變來臨的時間。無論不同的團隊為專案分配了多少時間，「每一組都在排程中相同的時間點經歷轉換——正好就在第一次開會和正式截止日期的一半之處。」

銀行職員在「三十四天期間當中的第十七天」，在設計新帳戶方面突飛猛進。醫院行政人員在十二個星期當中的第六個星期，起飛前往生產力更高的新方向。所以，這個情形適用於每個團隊。格西克寫道：「隨著每個團體進入開始作業和截止日期的中間點，團體會經歷劇烈的改變。」這些團體不是以穩定、均勻的步調邁向目標，而是花大把時間無所事事——直到他們突然經歷一陣強勁的活動為止；這種活動總是在「專案的時程中點」出現。[14]

格西克得出自己沒有料想到的結果，而且這些結果和主流看法背道而馳，所以她想找個方法探討這些結果。她寫道：「我用來詮釋發現的模式，類似自然歷史中的一個新概念，這個概念至今尚未運用在團體上：間斷平衡。」就像那些三葉蟲和蝸牛，一起工作的人類團隊並未逐漸進步，他們經歷持久的遲鈍期，才被突發的活動所打斷。但在人類的例子裡——時間橫軸是工作好幾個月，不是演化好幾百萬年——平衡一再出現在相同的間斷標示：中間點。

舉例來說，格西克研究一群商學相關學系的學生，他們要用十一天的時間分析一件案例，並且撰寫一篇論說文。剛開始，團隊成員彼此爭論不休，堅持援引外界建議。但是到了合作的第六天——正好就是專案進度的中間點——時機的問題憑空降落在對話當中。其中一名成員提出警告：「我們的時間所剩無幾。」就在這句話說出之後不久，這個團體揚棄原先毫無建樹的方法，擬出修正後的策略，並且一直實行到最後。格西克寫道，就這個團隊和其他團隊而言，在中間點的時候，成員會產生「一股新的急迫感」。

這就叫「哎呀效應」。

當我們到達中間點，有時候我們會萎靡不振，但有的時候我們會奮力一跳。心理警報器警告我們已經浪費了一半時間，對此注入一點健康的壓力——**哎呀，我們快沒時間了！**——再次點燃我們的動機，重新塑造我們的策略。

格西克在後續研究中確認了哎呀效應的力量。她在一場實驗中，找來攻讀企業管理碩士學位的學生，由他們組成八個團隊，並要求他們先用十五或二十分鐘閱讀設計概要，再用一個小時的時間製作廣播廣告。此外，就像她先前所做的研究，這次她也將成員之間的互動錄下來，並逐字謄寫對話。在這個一小時的專案處理過程中，二十八到三十一分鐘之間，每個團體都出現「哎呀」的意見（「好，現在我們進行到一半，我們現在**真的**遇到麻煩了」）。而且，八個團隊中有六個團隊在「中間點集中爆發」的過程中，出現「最重要的進展」。[15]

她發現，在比較長的期間當中，也會出現與此相同的動力。她在另外一項研究中，花一年的時間追蹤一間接受創投基金資助的新創公司，並將這間公司稱為「M科技」（M-Tech）。就整間公司來說，並沒有小型專案團隊的有限生命或特定截止日期。但她仍然發現，M科技「在比較複雜和刻意的層次上，展現出許多這種以時間調節的間斷模式，和專案小組所顯示的一樣」。換句話說，M科技的執行長將公司的所有重大規畫和評估會議安排在七月，這是日曆年的中間點，而且他會將自己獲得的資訊用於重新設定M科技的下半年策略。

格西克寫道：「年中轉換就像團體裡的中點轉換，大幅塑造M科技的歷史。這些及時的中斷干擾了持續進行的戰略和策略，提供了管理階層評估和改變公司路線的機會。」[16]

如同我們所看見的，中間點可以發揮雙重效應。在某些例子裡，中間點消弭我們的動機；在某些例子裡，中間點則是活化動機。有時候，中間點引發「哎呀」，使我們撤退，有時候，中間點則是啟動「哎呀」，使我們前進。在某些情況下，中間點會帶來消沉；在某些情況下，中間點則是激勵人心。

將中間點想成一個心理鬧鐘，要讓這個鬧鐘有效，我們得設定鬧鐘，聽見嗶、嗶、嗶的吵人聲響，而且不能按下貪睡按鈕。不過，中間點就跟鬧鐘的情形一樣，讓人動力最強的鬧鈴，就是在時間略顯不足時響起的鬧鈴。

中場表演

一九八一年秋天，一名來自牙買加京斯敦的十九歲大一新鮮人，途經麻薩諸塞州的劍橋市，一路步行至華盛頓特區的喬治城大學。派崔克·尤因（Patrick Ewing）看起來不像大部分的大學新鮮人，他個子很高，如同龐然大物一般，驚人的身高使他鶴立雞群。但他身上也有優雅特質，這名年輕人能像短跑選手一樣流暢地快速移動。

尤因到喬治城大學來，是為了幫約翰·湯普森（John

Thompson）教練打造稱霸美國的超強籃球校隊。打從第一天起，尤因就在球場上扮演發揮改變作用的角色。《紐約時報》稱他為「移動的巨人」。《運動畫刊》甚至誇大地形容他是「七呎小怪獸」，就像「人類的小精靈（PAC-MAN）*，把對手攻勢吞掉」。[17] 尤因很快就讓喬治城大學成為美國數一數二的防守型籃球隊。在他還是大一新生的球季，喬治城驚嘆隊贏了三十場比賽，創下全校紀錄。這是三十九年以來，該校首度打進美國國家大學體育協會（National Collegiate Athletic Association, NCAA）的決賽，並在準決賽中勝出，進入全國冠軍賽。**

在美國國家大學體育協會一九八二年的冠軍賽中，喬治城大學對上北卡羅來納大學的柏油腳跟隊，帶領這支籃球隊的人是全美代表隊前鋒詹姆斯‧沃西（James Worthy），教練則是迪恩‧史密斯（Dean Smith）。迪恩‧史密斯是一位備受推崇但運氣奇差無比的教練，他指導柏油腳跟隊二十一年，帶他們六度打進四強賽，三度晉級決賽，但為籃球瘋狂的北卡羅來納州很沮喪，因為他從來沒有把全國大賽的冠軍獎杯帶回家鄉。在錦標賽中，反對他的球迷曾經大喊「噎住吧，迪恩，噎住吧」，用這句話來讓他難堪。

---

*譯注：一款一九八〇年代的電腦遊戲，主角小精靈的任務是吃光關卡中的點狀圖案。
**尤因在喬治城打球的四個球季，驚嘆隊三度打進美國國家大學體育協會籃球賽的決賽。

　　那年三月最後一個星期一的晚上，史密斯的柏油腳跟隊和湯普森的驚嘆隊在路易斯安那超級巨蛋[*]正面交鋒，現場球迷超過六萬一千人，是「西半球有史以來最多的觀眾人數」。[18] 雖然不見得總是會產生好效果，但尤因從一開始就倍感威脅了。北卡羅來納得的前四分都是因為裁判吹尤因妨礙中籃（尤因在球射入籃框的途中進行非法干擾，這種事情通常只有像他這麼高大的球員才能辦到）。比賽剛開始的頭八分鐘，北卡羅來納並沒有真的把球投進籃框裡。[19] 這八分鐘內，尤因擋下射籃，蓋了三個火鍋，到比賽結束時還拿下二十三分。但北卡羅來納追得很緊，第一節最後四十秒的時候，尤因發動快攻，在球場上跑了二十四公尺，使出一記雷霆萬鈞的灌籃，強度之大連地板都要變形了。中場的時候，喬治城以三十二比三十一領先，是個好兆頭。在過往四十三場美國國家大學體育協會籃球賽的決賽當中，中場時領先的隊伍有三十四次拿下決賽，勝率百分之八十。在例行賽進行期間，喬治城的中場領先紀錄是二十六比一。

　　體育競賽的中場代表另外一種中間點——在這個特定的時刻，活動停止，隊伍正式重新評估和重新調整到最佳狀態。但體育競賽的中場和人生——甚或是專案——的中間點，在某個重要的層面出現差別：在這種中間點，落後的隊伍所面對的是現實上的嚴苛分數。另一隊得了比較多分數，

---

[*]現在已經更名為「梅賽德斯－賓士超級巨蛋」（Mercedes-Benz Superdome）。

表示在下半場得趕上對方的表現,不然就只有落敗的份。落後隊伍現在不只要超越對手的分數,還要拿下比落後分數更多的分數來扭轉頹勢。中場時超前的隊伍比對手有可能贏得比賽,在任何體育項目都是這樣。這個情形和個人動機受限無關,而是和冷酷無情的機率大有關係。

不過有個例外——在這種情形當中,動機似乎能夠戰勝數學機率。

賓州大學的約拿・博格(Jonah Berger)和芝加哥大學的戴文・波普(Devin Pope)分析美國國家籃球協會(National Basketball Association, NBA)十五年來超過一萬八千場比賽,特別注意中場的比賽分數。和意料中的情形一樣,比起在中場時落後的隊伍,領先的隊伍最終打贏的比較多。舉例來說,在中場時領先六分的隊伍,有百分之八十的勝率。但是,博格和波普發現這個規則存在一項例外:**只落後一分**的隊伍,勝率較高。確切來說,在中場輸一分,比贏一分更占優勢。中場落後一分的主場隊伍,有超過百分之五十八的勝率。甚至可以說,奇怪的是,在中場落後一分等於**領先兩分**。[20]

博格和波普接著檢視美國國家大學體育協會十年來的體育競賽,在總數將近四萬六千場比賽中,發現規模較小但卻相同的效應。他們寫道:「〔在中場〕稍微落後,大幅提高隊伍的勝率。」而且,當他們仔細檢視得分模式時發現,落後隊伍在中場休息過後拿下多得不成比例的分數。他們在下半場一開始便勢如破竹。

　　一堆體育資料能顯示出關聯性，但這些資料無法告訴我們任何確切的原因。因此，博格和波普進行了幾場簡單的實驗，目的在找出運作機制。他們找來受試者，並安排每一名受試者和另一間房間的對手比賽，看誰能快速敲中電腦鍵盤。得分比對手高的人能得到現金獎勵。這個比賽分成上下兩場，中間隔了一次休息時間。在休息時間，實驗人員會用不同的方式對待受試者。他們告訴某些受試者落後對手很多，告訴某些受試者稍微落後一點，告訴某些受試者和對方平手，告訴某些受試者稍微領先一點。

　　結果如何？有三組維持上半場的表現，但其中一組比原先表現得好非常多——相信自己落後一點的那些人。博格和波普寫道：「只告訴別人他們稍微落後對手一些，會讓他們更加努力。」[21]

　　在一九八二年那場決賽的下半場，北卡羅來納發動快攻，使出包夾戰術，一出場就所向披靡。四分鐘內柏油腳跟隊就追平分數，甚至超前三分。但喬治城和尤因向他們反擊，直到最後雙方都你來我往、互不相讓。最後三十二秒的時候，喬治城以六十二比六十一分取得領先。迪恩·史密斯喊出暫停，他的球隊落後一分。北卡羅來納把球發進場內，在罰球區外圍傳了七次球，然後把球傳到球場弱邊，一個名不見經傳的大一新生後衛，在將近五公尺遠的地方跳投命中籃框，讓柏油腳跟隊拿下領先分數。接下來的幾秒內，驚嘆隊方寸大亂。北卡羅來納在中場時落後一分,最終變成以領先一分拿下全國冠軍。

一九八二年這場美國國家大學體育協會的總冠軍賽,成為籃球史上的傳奇賽事。迪恩·史密斯、約翰·湯普森和詹姆斯·沃西躋身奈史密斯籃球名人堂(Naismith Memorial Basketball Hall of Fame),成為僅僅三百五十位球員、教練以及其他名人當中的三位。而那個投進制勝分的無名大一新生名叫麥可·喬丹,他的籃球生涯此後大放異彩。

但對我們這些關注中間點心理學的人來說,最重要的一刻,是史密斯在球隊落後一分的時候對球員談話。他告訴他們:「我們狀態很好。我寧願處在我們這個位置,也不想處在他們的位置上。現在就是我們想要的狀態。」[22]

中間點是生命中的既定事實,也是大自然的力量,但那並不表示我們不能改變中間點。從最樂觀的角度來看,將萎靡轉變成活力包含了三個步驟。

首先,留意中間點。不要始終看不見它們。

第二,發揮中間點的振作效果,不要因此一蹶不振——說出焦慮的「哎呀」,不要說無奈的「天哪,糟了」。

第三,在中間點的時候,想像你正處於落後狀態——但只落後一點而已。那樣可以激勵自己,而且也許能幫你贏得一場全國冠軍賽。

時間駭客指南

· 第 4 章 ·

在中間點出現消沉時，重新激勵自己的五種方法

假如你來到專案或交辦事項的進程中點，但哎呀效應沒有發揮作用，以下有幾個經過證實而且簡單易做的方法，可以讓你擺脫萎靡不振的狀態：

1、設定暫時目標。

將專案分成好幾個比較小的步驟，來維持動機，或者重新燃起動機。在一項檢視減重、賽跑、累積里程換免費機票的研究當中，研究人員發現，人們的動機在事情的開頭和末尾最強烈──但到了中間點就變得「不上不下」。[1]以累積兩萬五千英里為例，人們在四千或兩萬一千英里的時候比較願意努力達標。可是，當他們累積到一萬兩千英里的時候會懈怠。有個解決的方法，就是用不同的心態看待中間點。不要想著全部的兩萬五千英里，而是在一萬兩千英里這一點，設定累積一萬五千英里的小目標，專心達成這個小目標。要和別人比速度的時候，不管是真的賽跑還是抽象的速度，與其想像你和終點之間的距離，不如把專注力放在前往接下來的那一英里上。

2、公開宣誓達成暫時目標。

設定好你的小目標後，要援用公開承諾的力量。在有人要求我們負責的情況下，堅持達成目標的機率會高出非常多。要克服消沉，其中一個方法是告訴別人，你會在什麼時

間、用什麼方法做好某件事情。假如你的論文寫到一半，課程設計到一半，或者組織策略計畫擬到一半，可以在推特或臉書發文，說你會在某個日期之前完成手上正在進行的章節。請你的追蹤者在那一天到來的時候，和你一起檢查進度。有這麼多人預期你會完成進度，你就會想辦法達成小目標，來避免公開出糗。

3、話說到一半就停。

海明威一生當中總共出版十五本書，他有一個提高產能的技巧，我自己也在使用（我甚至用在寫這本書上）。他常常不是在章節或段落完成的時候結束某個部分的撰寫工作，而是在一個句子的中間戛然而止。那種未完待續的感覺會點燃中間點的活力，幫助他在隔天一鼓作氣開始寫作。海明威的技巧之所以有效，其中一個原因是蔡格尼效應（Zeigarnik effect）——我們的傾向是，比起已經完成的事情，未完成的任務更加令人心心念念。[2] 如果你的專案正在進行，可以試試在事情做到一半、下一步很明確的地方結束這天的工作。這樣也許會燃起你在日常工作中的動力。

4、不要讓鍊子斷掉（宋飛技巧）。

傑瑞・宋飛（Jerry Seinfeld）養成每天寫作的習慣，不是只有文思泉湧的時候才寫，而是每個該死的日子都寫。為了保持專注，他印了一張一年三百六十五天都在上面的日曆，每一天寫作的日子都用一個大叉叉畫掉。他告訴軟體開發商布拉德·艾薩克（Brad Isaac）：「幾天後，你會串起一條鍊子。繼續保持就對了，這條鍊子會一天一天變長。你會很高興看見這條鍊子，尤其是你已經完成好幾個星期的時候。你接下來的工作就是不要讓鍊子斷掉。」[3] 想像一下，你感覺到中間點的委靡不振，但你接著抬頭望向那一串三十、五十或一百個叉叉，你會像宋飛那樣想辦法撐下去。

5、想像一個這麼做能幫到他的人。

在海明威、宋飛這些中點動機殺手的行列中，再加一個亞當·格蘭特（Adam Grant）吧，他是華頓商學院的教授，以及《原創》（*Originals*）和《給予》（*Give and Take*）的作者。他遇到艱難的任務時，會問自己這麼做能帶給別人什麼好處，藉此激勵自己。[4] 「我要怎麼繼續」這種消沉的狀態，會變成「我要如何提供幫助」的活力。所以，假如你覺得專案進行到一半而你動彈不得，想像一個會因為你的努力而獲得幫助的人。為了那個人而投入工作，會讓你在處理任務時更加專心致志。

運用「形成／風暴／表現」法，安排下一份專案

在一九六〇和一九七〇年代，組織心理學家布魯斯·塔克曼（Bruce Tuckman）發展出一套有關團體如何與時俱進

的理論。塔克曼相信，所有團隊都會經歷四個階段：形成期（forming）、風暴期（storming）、規範期（norming）、表現期（performing）。我們可以把塔克曼的模型元素和格西克的團隊階段研究兩相結合，為你的下一份專案打造一個三階段的架構。

第一階段：形成與風暴

剛組成團隊的時候，成員通常會享受一段最和諧、衝突最少的時期。利用較早的階段來發展共同願景，建立團體價值，並構思各種點子。不過，衝突終究會劃破晴朗的天空（那就是塔克曼所謂的「風暴」）。有幾號人物也許會試圖發揮自己的影響力，去扼殺比較微弱的聲音。有些人也許會對自己的責任和角色提出質疑。隨著時間過去，要確定所有參與者都能表達意見，應該達成的事項是明確的，而且所有成員都有所貢獻。

第二階段：中間點

你的團隊也許因為第一階段的風暴和壓力，到目前為止都還沒有什麼進展。這是格西克的重要洞見。所以，要利用中間點——以及隨之而來的哎呀效應——來設定方向並加快步調。先前我提過研究光明節蠟燭的芝加哥大學學者艾耶萊・費雪巴赫。她發現，當團隊達成目標的意志強烈，最好的做法是強調剩下的工作。但是團隊意志低落的時候，強調已經達成的進度會是比較明智的做法，即使成就微不足道也一樣。[5] 你要清楚團隊承諾，並且按照這個方法進行。設定路線的時候別忘了，在中間點團隊會對新的想法和解決方案抱持比較封閉的態度。[6] 不過，團隊也會比較願意接受指導。[7] 所以，引出在你心裡的那個迪恩・史密斯，說明你們有一點落後並喚起行動。

第三階段：表現

在這個階段，團隊成員動機十足，對達成目標具有信心，而且普遍來說能在最沒有摩擦的情況下彼此合作。讓團隊持續取得進展，但小心不要退回「風暴」階段。我們來假設，你是汽車設計團隊的一分子，這裡的設計師整體上相處融洽，但成員之間有愈來愈劍拔弩張的態勢。為了保持最佳表現，你應該請同事往後退一步，尊重彼此的角色，並重新強調大家一起邁進的共同願景。你的心裡要有轉換戰略的意願，但在這個階段，應該將焦點直接放在執行上。

打擊中年頹喪的五種方法

身為作家的休士頓大學教授布芮妮・布朗（Brené Brown），為「中年」下了一個非常好的定義。她說這是「天地萬物抓著你的肩膀，告訴你：『我他X的不在你身邊，發揮你所擁有的天賦。』」既然我們大部分的人總有一天要和福祉的U形曲線拚鬥，以下提供幾種方法，好在天地萬物抓住你的肩膀，而你卻還沒準備妥當的時候，讓你可以回應這種狀況。

1、將重要目標擺在第一順位（巴菲特技巧）。

身為億萬富翁，華倫・巴菲特似乎是個很不錯的人。他把好幾十億的財產用在慈善事業上，過著樸實的生活，一直到八十幾歲都還在工作。除此之外，這位「奧馬哈先知」在處理中年頹喪方面，也比一般人更能先知先覺。

傳聞中，有一天巴菲特開導他的私人飛機駕駛員，這名機師因為沒有達成所有期望目標而沮喪萬分。巴菲特為他開了一個總共三步驟的處方。

第一，他說，把你接下來人生當中最重要的二十五個目標寫下來。

第二，檢視這份清單並圈出最重要的五個目標，也就是那些毫無疑問在最高順位的目標。這樣你會得到兩份清單——一份是最重要的五個目標，另一份是其餘二十個目標。

第三，立刻開始規畫如何達成那五大目標。其他二十個目標呢？把它們丟掉，不計一切代價避開它們。直到你達成五大目標之前，連看都不要看它們一眼，而這可能會是一段很長的時間。

比起做了一堆狗屁倒灶、半途而廢的專案，把少數幾樣重要的事情做好，對激勵你跳脫萎靡不振的狀態有用多了。

2、在組織內部發展職業生涯中期輔導。

大部分的職業輔導都是在人們剛踏入新領域或從事新工作的時候，接著就沒有了。會產生這個現象是因為大家認為，我們已經站穩腳步，再也不需要指導。

蘇黎世大學的漢尼斯・史旺德（Hannes Schwandt）表示，這種想法是錯的。他建議在整個職業生涯中，為員工提供具體的正式輔導。[8] 這麼做有兩個好處。首先，這麼做承認了大部分的人都會面臨到U形福祉曲線。公開談論中年頹喪能幫助我們了解，經歷職業中期倦怠沒有關係。

第二，經驗比較豐富的員工可以提供應對中年頹喪的策略。而且，同仁之間可以彼此提供指引。為了將目的重新注入工作，人們是怎麼做的？他們是如何在辦公室和其他方面建立有意義的人際關係？

3、在心裡減掉正面事件。

在中年機制裡，有時候減法比加法更有力量。二〇〇八年，有四位社會心理學家借用電影《風雲人物》（*It's a Wonderful Life*），提出以這個概念為基礎的創新心理技巧。[9]

剛開始，先想一個生命中的正面事件──孩子出生、結婚、傲人的工作成就。接著，把所有可能使這個事件實現的狀況都列出來──也許是看起來不重要的決定，例如：某天晚上去哪裡吃晚餐，你一時興起參加課程，或一個朋友的朋友的朋友碰巧告訴你有個職缺。

接著，寫下所有可能永遠不會發生的事件、狀況、決定。如果你沒有參加那場派對，或選了另外一堂課，或是沒有赴親戚的咖啡約呢？想像一下，你的人生少了哪串事件，更重要的是，少了那個在你人生中造成重大影響的正面事件。

　　現在，回到此時此刻，提醒自己人生的確順著你的道路前進。想一想那些將重要人物和機會帶進你的人生，既快樂又美妙的隨機事件。鬆口氣，對你的好運搖搖頭，要心存感激，你的人生也許比你想的還要美好。

4、為自己寫幾句自我關懷的話。

　　我們常常對別人比對自己更能同情同感。可是，有一種稱為「自我關懷」（self-compassion）的科學顯示，這種偏差的心態可能會使我們的福祉和恢復能力受損。[10] 就是因為這樣，研究這個主題的人紛紛建議大家進行類似下面的練習。

　　開始時，找出某件和你有關的事情，這件事情令你深感懊悔、羞愧或失望（也許是你遭到開除，在某堂課被當掉，破壞某段人際關係，或財務狀況出問題）。然後，寫下這件事帶給你的具體感受。

　　接下來，用兩個段落的篇幅，針對這個人生事件寫一封電子郵件給自己，表達同情或理解。想像某個關心你的人會怎麼說。他可能會比你自己更願意原諒你。甚至，德州大學教授克莉絲汀・聶夫（Kristin Neff）建議，你在寫這封給自己的信時應該要「從想像當中某個無條件愛你的朋友的觀點出發」。不過，你要將理解和行動結合。除此之外，加幾句話談一談你能在生活中做出哪些改變，以及你能在之後如何改進。自我關懷信就像是把那句金科玉律倒過來說——透過這種方法，你能像對待「他人」那樣對待「自己」。

5、等待。

有時候最好的行動方針就是……不行動。沒錯，那可能會讓人感覺很煎熬，可是不採取行動往往就是對的行動。消沉是正常的，但消沉也是短暫的。從消沉中振作起來，就跟陷入消沉狀態一樣自然。把消沉看做感冒：這是一件麻煩事，但終究會遠離你，而且當它遠離的時候，你根本不會記得。

5

結尾
馬拉松、巧克力和辛酸的力量

如果你想要有個快樂的結尾，想當然耳，就得取決於你在哪裡中斷故事。
——奧森·威爾斯（Orson Welles）

美國每一年有超過五十萬人跑馬拉松。他們訓練好幾個月之後，在某個周末一大早起床，繫好鞋帶，在美國每年舉辦的一千一百場馬拉松比賽當中，跑上四十二公里。在世界上的其他角落，各個城市和地區每年舉辦大約三千場馬拉松比賽，在美國之外吸引超過一百萬名跑者。不論是在美國還是在全球各地，這些跑者很多都是第一次參加馬拉松比賽。有人估計過，典型的馬拉松比賽中，大約有一半的人是第一次參加。[1]

是什麼驅使這些新手甘冒膝蓋受傷、腳踝扭到、過度攝取運動飲料的風險？居住在澳洲的藝術家康怡（Red Hong Yi）告訴我，對她來說，「馬拉松始終是一項最不可能完成的事」，所以她決定「放棄周末，去參加就對了」。她在訓練六個月之後，參加二〇一五年墨爾本馬拉松，這是她的第一次。傑若米‧梅汀（Jeremy Medding）在特拉維夫從事鑽石業，二〇〇五年紐約市馬拉松是他第一次參賽。他告訴我，「我們總是會為自己訂個目標」，而馬拉松是他還沒有打勾的選項。在佛羅里達當律師的辛蒂‧畢夏普（Cindy Bishop）說，她在二〇〇九年第一次跑馬拉松，這麼做是為了「改變我的生活，和重新塑造自己」。從動物學家轉行當生物科技公司高階主管的安迪‧莫若札夫斯基（Andy Morozovsky），雖然之前從來沒有跑過跟馬拉松差不多的距離，但他參加了二〇一五年舊金山馬拉松。他告訴我：「我沒有想過要跑贏，我只是打算跑完全程。我想看看自己的能耐。」

四個人，四種職業，四個世界上不同的生活地區，這些人因為想要跑完四十二公里的共同目標而合為一體。但是，將這些跑者以及其他首次參加馬拉松比賽的人連在一起的，另有原因。

康怡第一次參加馬拉松是在二十九歲的時候；傑若米‧梅汀第一次參加馬拉松是在三十九歲；辛蒂‧畢夏普第一次參加馬拉松是在四十九歲；安迪‧莫若札夫斯基第一次參加馬拉松是在五十九歲。

這四個人都是社會心理學家亞當‧奧特（Adam Alter）和哈爾‧赫希菲爾德（Hal Hershfield）所謂的「年齡逢九者」（9-enders），他們處於人生裡每十年的最後一年。他們一個個努力讓自己在二十九歲、三十九歲、四十九歲、五十九歲時，做出二十八歲、三十八歲、四十八歲、五十八歲時不曾做過，甚至連想都沒想過的事情。來到十年中的最後一年，不知怎麼地喚醒他們的想法，促使他們改變行動方向。結尾就是有這樣的效果。

就跟開始和中間點一樣，結尾悄悄引導著我們做什麼事情，以及我們做這些事情的方法。確切來說，形形色色的結尾——經驗、專案、學期、協商、人生階段——在四個可以預測的方面，塑造著我們的行為。結尾幫助我們獲得能量，幫助我們編碼，幫助我們去蕪存菁，並且幫助我們向上提升。

獲得能量：為什麼我們在接近（某些）終點的時候會跑得更賣力

時間上的每個十年，在物質上沒有太大意義。在生物學家或物理學家看來，比如說，三十九歲的弗來德和四十歲的弗來德，生理差異不大——也許跟弗來德在三十八歲和三十九歲之間的差異也沒有太大分別。年齡逢九的時候，和年齡尾數為零的時候相比，我們的境遇也不會大相逕庭。我們的人生故事往往是一段一段向前邁進，和書本的章節類似。可是，真實的故事不會像小說那樣化整為零。畢竟，你不會用頁數來評估一本書：「這一百六十頁的書超級刺激，但那一百七十頁的書有點無聊。」不過,當人們接近以十年一數、刻意分割的標誌時,心中某樣東西甦醒了,因此改變行為。

舉例來說,要跑馬拉松,參賽者必須向主辦單位報名,並且登記他們的年齡。奧特和赫希菲爾德發現,在首次參加馬拉松的人裡面,年齡逢九者的比例高達百分之四十八,有過度代表的情形。在人的一生當中,最有可能第一次參加馬拉松比賽的年齡是二十九歲。二十九歲的人參加馬拉松的機率,比二十八歲和三十歲的人高出一倍。

在此同時,首次參加馬拉松的情形在四十出頭歲下滑,但在四十九歲陡然攀升。四十九歲的人參加馬拉松的機率,比年齡只多一歲的人高了兩倍。

除此之外,接近每個十年的尾聲,似乎也能使跑者加快速度。曾經多次參加馬拉松的人,在二十九歲和三十九歲的時候,比兩年前或兩年後的他們,跑出更好的成績。[2]

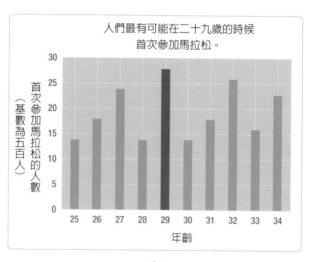

人們最有可能在二十九歲的時候首次參加馬拉松。

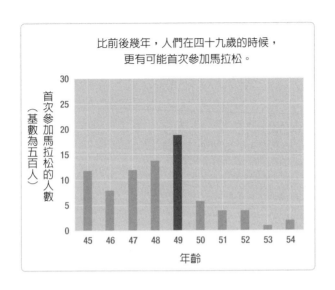

比前後幾年，人們在四十九歲的時候，
更有可能首次參加馬拉松。

首次參加馬拉松的人數（基數為五百人）

年齡

在本身也是馬拉松跑者的科學家莫若札夫斯基眼中，十年尾聲的激勵效果並不符合邏輯。「記錄我們的年齡？地球才不在乎。但人們在乎，因為我們的生命是短暫的。我們透過紀錄來了解自己表現如何，」他告訴我：「我想在自己六十歲之前完成這個體能挑戰。我辦到了。」對澳洲藝術家康怡來說，看見那個時間上的里程碑，使她鬥志高昂。「我就要變成可怕的三十歲了，我得在二十九歲的時候真的完成什麼事情才行，」她說：「我不想讓最後那一年就這樣浪費掉。」

不過，人生的里程表轉到九，並非總是能激發健康的行為。奧特和赫希菲爾德還發現，「自殺率在年齡逢九者當中，比在年齡尾數是其他數字的人都來得高。」顯然，男人對妻子不忠的傾向也有相同的情形。在偷情網站艾希禮・麥迪遜（Ashley Madison）上，將近八分之一的男人是二十九歲、三十九歲、四十九歲和五十九歲，命中機率略高於百分之十八。

不論好壞，十年尾聲確實看起來能啟動人對意義的再次追尋。奧特和赫希菲爾德解釋：

由於接近新的十年，代表人生各個階段之間的明顯界線，有標示生命進程的作用，也因為人生的轉換期可能促使自我評估產生變化，所以比起其他時期，人們更有可能在十年末尾的時候評估自己的人生。年齡逢九者特別關注年齡和意義；這一點，牽涉到和追尋意義或意義危機有關的行為。[3]

接近尾聲也會促使我們在其他方面做出比較急切的舉動。以美國國家美式足球聯盟（National Football League）為例，每一場比賽的時間是六十分鐘，上下半場各三十分鐘。根據統計有限責任公司（STATS LLC）的數據，從二○○七、二○○八年的賽季，到二○一六、二○一七年的賽季，這十年之間，球隊總共拿下十一萬九千零四十分。其中大約百分之五十・七是在上半場得到的，大約百分之四十九・三是在下半場得到的——差別不大，尤其是，領先的球隊通常不會在球賽尾聲努力得分，而是想辦法把時間用完。不過，讓我們再往下檢視更深層的統計資料，看一看每一分鐘的得分模式，此時激勵作用就很明顯。在這些賽季，球隊在比賽的最後一分鐘總共拿下大約三千兩百分，幾乎比其他每一分鐘的比賽區間都要來得多。但是，這個數據完全比不上球隊在上半場最後一分鐘所拿下的近七千九百分。在上半場最後一分鐘，持球的球隊有非常強的取分動力，比起球賽的其他分鐘，此時球隊的得分機率高出一倍多。[4]

雖然克拉克・赫爾（Clark Hull）出生後四十年國家美式足球聯盟才成立，但他不會對這件事感到驚訝。赫爾是二十世紀早期重要的美國心理學家，隸屬行為學派的其中一位先驅，這派學者認為人類的行為和迷宮裡的老鼠沒有多大差別。一九三〇年代初期，赫爾提出了所謂的「目標等級假說」（goal gradient hypothesis）。[5]他建造一條長長的跑道，並將跑道均分成好幾段，在每個「終點」上都放了食物。接著，他把老鼠放進跑道裡，並且測量每一段區間老鼠跑得多快。他發現，「走迷宮的動物，在接近目標的時候會逐漸加快速度。」[6]換句話說，老鼠離食物愈近，就跑得愈快。赫爾的目標等級假說受到認同的時間，比其他大部分的行為學派觀點都要久得多。在開始進行某件事情的時候，我們通常比較會受完成的部分所激勵；而在結尾的時候，我們通常比較會受想要追上剩下那段短短的距離所鼓舞。[7]

結尾的激勵力量可以說明，為什麼截止期限通常（雖然並非總是如此）有效。舉例來說，基瓦（Kiva）*是一間為微型企業提供低利率或免利息小額貸款的非營利組織，貸款

申請者必須完成冗長的線上申請程序，很多人提出申請程序
卻沒有完成。基瓦請杜克大學的行為研究實驗室「共同硬幣
實驗室」（Common Cents Lab）尋找對策。他們建議：設立
終點，給人們一個在數星期內完成申請的具體截止期限。就
某個層面而言，這個主意似乎十分愚蠢。截止期限想必意味
著有些人會無法及時完成申請，因而喪失貸款資格。但基瓦
發現，比起發出不列截止期限的提醒通知，向申請者發出列
了截止期限的提醒通知，完成申請的貸款者多出百分之二十
四。[8] 同樣地，在其他研究當中，比起沒有規定期限，在有最
終截止期限——日期和時間——的情況下，人們簽署器官捐
贈的機率比較高。[9] 比起還有兩個月才到期的禮券，只剩兩
個星期就到期的禮券，用掉的機率高出兩倍。[10] 比起沒有設
立期限，在有期限的情況下，互相磋商交涉的人比較有可能
達成協議——而且協議絕大部分在規定時效即將超過之前達
成。[11]

　　這個現象可以想成是全新開始效應的第一個遠房親戚
——快速完成效應。當我們接近終點的時候，會跑得比較賣
力一些。

　　不可否認的是，這個效應並非放諸四海而皆準，也不是
只會產生正面作用。舉例來說，接近終點線的時候，越過終

＊譯注：Kiva一字來自斯瓦希里語（Kiswahili），意思是「意見一致」和「團
　結」。

點的方式如果有好幾個，可能會讓我們放慢速度。[12] 截止期限有時會減損內在動機和消弭創意，這種情形尤其在創意工作中特別明顯。[13] 除此之外，為協商過程（勞資合約甚或和平協議）設立期限，通常可以促成決議，但這個決議不見得會產生最好或最經得起時間考驗的結果。[14]

然而，如同克拉克‧赫爾的老鼠，嗅得出終點線這件事——不管那裡有著一大塊乳酪，還是某種意義——會激勵我們加快動作。

康怡目前三十一歲，雖然她之後這幾年都沒有試著再跑一次馬拉松，甚至連考慮跑馬拉松的念頭都沒有，但她維持著跑步運動的習慣。她說：「或許我可以在三十九歲生日的時候去跑。」

編碼：吉米、吉姆以及美好的生活

一九三一年二月八日，住在印第安那州馬里恩（Marion）的蜜爾德蕾‧瑪麗‧威森（Mildred Marie Wilson）生下一名獨子，她和先生將男嬰取名為詹姆士，小名吉米。吉米的童年生活雖然過得不安穩卻很快樂。他上小學的時候，一家人從印第安那州北方搬到南加州。但過沒幾年，他的母親就突然因為癌症而過世——吉米的父親在喪偶後，將他送回印第安那州和親戚一起住。之後，年紀輕輕的吉米過著愜意、穩定的中西部生活——上教堂、參加體育隊伍和辯論社。他從高中畢業之後，回到南加州上大學，在那裡成了電影迷，並在一九五一年快滿二十歲的時候，從加州大學洛杉磯分校輟學，想要從事演藝工作。

之後，這個平凡無奇的故事出現不尋常的轉折。

吉米很快就拍了幾支廣告，也在幾個電視節目中軋一角。在他滿二十三歲的時候，當代名氣數一數二的導演找他參與演出，是一齣根據約翰‧史坦貝克（John Steinbeck）的小說改編的電影。電影非常賣座，吉米還入圍奧斯卡獎。同一年，他在一齣名聲更響亮的電影中擔任主角，因此再度入圍奧斯卡獎。一瞬間，年紀輕得難以置信的吉米，成為一名紅得超乎想像的好萊塢巨星。然後，大約在他二十五歲生日前四個月，全名叫做詹姆士‧拜倫‧狄恩（James Byron Dean）的吉米，在一場車禍中喪生了。

暫停一下，想一想這個問題：就吉米的一生而言，你覺得這是值得嚮往的一生嗎？從一到九分，一分代表最不令人嚮往的人生，九分代表最令人嚮往的人生，你會打幾分？

現在來思考一個假設情境，想像吉米多活了幾十年，但他再也沒有像二十幾歲年輕時的職業生涯那麼成功。他沒有落入無家可歸的境地，也沒有染上毒癮。他的職業生涯沒有一敗塗地。他的星星只是直接從天堂的高度落下而已。他在生前，假設五十五歲左右的時候，可能演了一兩齣電視情境喜劇，在比較沒那麼叫座的電影中演過幾個不重要的橋段。現在，你會給他的人生怎樣的評價？

　　研究人員在研究類似情境的時候發現奇怪的現象。人們傾向於給第一種情境（在上坡中結束的短暫人生）比較高的評價，而第二種情境（在下坡中結束的長久人生）的評價比較低。從純粹功利主義的角度來看，這個結論十分古怪。畢竟，在假設情境中，吉米可是多活了三十年！而且那多活的幾年並沒有陷入悲慘的境地，只是沒有像早年那樣大放異彩罷了。活得比較久的那段人生當中，累積起來的成就（年輕時成為巨星的成就仍然包括在內）再怎麼說都比較高。

　　「在非常成功的人生後面加上幾年還算開心的日子，不但沒有提升，反而使人對人生品質的觀感下降，這樣的意涵有違直覺。」社會科學家艾德・迪安納（Ed Diener）、德瑞克・沃茲（Derrick Wirtz）和重廣大石（Shigehiro Oishi）寫道。「我們將此稱為詹姆士・狄恩效應，因為在人們眼中，短暫而刺激至極的人生，例如演員詹姆士・狄恩那廣為流傳的人生故事，是最積極正向的人生。」[15]

　　詹姆士・狄恩的例子也說明結局如何改變我們的看法。結尾會在我們替整個經驗編碼——也就是評估和記錄——的時候發揮作用。你也許已經聽過峰終定律（peak-end rule）。這個定律在一九九〇年代初期，由丹尼爾・康納曼和唐・瑞德梅爾（Don Redelmeier）、芭芭拉・佛列德里克森（Barbara Fredrickson）等同事所發明，他們研究了結腸鏡檢查的患者經驗以及其他難受的經驗。這條定律說明，我們在記憶事件的時候，印象最深的是最強烈的那一刻（高峰期），以及事件結束的方式（結尾）。[16] 所以，比起做結腸鏡檢查的時間比較長、但結束的時候比較好受一點的情況，做結腸鏡檢查的時間比較短，但結束時很疼痛，會留下比較難受的記憶，即使比較久的過程整體而言產生比較大的痛苦也一樣。[17] 我們會低估事件歷經的長度——康納曼稱為「時長忽視」（duration neglect）——並將結尾發生的事放大。[18]

我們的許多意見和後續決定，都是因為結尾的編碼力量而塑造出來的。舉例來說，許多研究顯示，我們在評判餐點、電影、假期品質的時候，經常不是從整個經驗來判斷，而是以某段時間為依據，尤其是結尾。[19] 所以，當我們在對話或TripAdvisor的評論中和別人分享評價的時候，我們表達的意見有很大一部分是我們對結局的反應（例如，去看Yelp餐廳評論，注意一下有多少評論是在描述那一餐的收尾——預期之外的送客招待、帳單打錯、服務生為了歸還遺留物品而去追用餐客人）。結尾也會影響更重要的選擇。例如，美國人在選總統的時候，他們告訴民調機構會參考現任總統先前執政的完整四年來做出決定，但研究顯示，投票人的依據是**選舉年**的經濟狀況——四年來的終點，而非整個任期。政治科學家表示，這種「受結局啟發」的情形，會導致「投票時短視近利」，甚或進一步產生「短視近利的政策」。[20]

關於道德生活是由什麼組成的這個概念，結尾的編碼作用特別強勁。有三名耶魯大學的研究人員虛構一個名叫吉姆的人物，並利用不同版本的短篇傳記設計出一項實驗。在所有版本裡吉姆都是公司的執行長，但研究人員讓吉姆的人生軌跡出現變化。在某些情況中，他是個付員工低薪的卑劣傢伙，拒絕提供他們保健福利，從來不做慈善捐贈——這種行為維持了三十年。但在他職業生涯接近尾聲，即將退休的時候，他變得慷慨大方。他加薪、分紅，還「開始將大筆金錢捐給數個社區附近的慈善機構」——不料，在他開始行善後才六個月，卻因為心臟病意外發作而突然撒手人寰。在另外的情境中，吉姆的行為模式和這個相反。他當了好幾年善良又大方的執行長——「將員工的福祉擺在自身財務利益的前面」，並捐贈大筆金錢給當地的慈善機構。可是，在他快要退休的時候「行徑丕變」。他減薪，開始為自己賺進大把利潤，而且不再捐助慈善機構——不料，六個月後卻因為心臟病意外發作而突然撒手人寰。[21]

　　研究人員讓一半的受試者讀壞人變好人的傳記故事，讓一半的受試者讀好人變壞人的傳記故事，並要求兩組受試者評估吉姆的整體品格。這項研究有好幾個版本，而各版本中的受試者在評估吉姆的品行時所依據的，有很大一部分是他在人生將盡時的所作所為。確切來說，在他們眼中，二十九年背信忘義加六個月行善助人，跟二十九年行善助人加六個月背信忘義沒有兩樣。「人們會用一段相對較短的時間，推翻另一段相對較長的時間，只是因為較短的時間發生在一個人生命將盡的時候。」[22] 從研究人員所謂的「生命結尾偏誤」（end of life bias）可以推知，我們相信人的本性是在結尾的時候展現——即便這個人意外喪命，而他大部分的人生所顯露出來的是另一個天差地別的樣子，我們也如此相信。

結尾幫助我們編碼——記錄、評估、回憶經驗。但在這麼做的時候，結尾有可能扭曲我們的看法，使我們目光短淺。在結尾影響行為的四種形式之中，我們最該留心的就是編碼。

去蕪存菁：為什麼少即是多——接近尾聲時尤其如此

我們的人生不會一直很戲劇化，但人生的推展有時就像一齣三幕劇。第一幕：啟程。我們從童年進展到青年時期，然後迫切地開始在世界上立足。第二幕：殘酷的現實降臨。我們勉強維持著生計，也許找到一個伴侶，開始共組家庭。我們前進，遭遇挫折，成功和失望彼此交纏。第三幕：苦樂參半的結局。也許我們達成某些成就。也許我們擁有愛我們的人。然而，終場近了，布幕即將落下。

其他角色——我們的親朋好友——在這齣戲劇當中出現。但位於聖路易的華盛頓大學的譚美·英格里許（Tammy English）和史丹佛大學的蘿拉·卡斯滕森（Laura Carstensen）發現，這些角色的出場時間會隨階段不同而有所變化。英格里許和卡斯滕森檢視為期十年，以十八歲到九十三歲的人為對象的資料，想要判斷他們的社交網絡和友誼關係在人生的三幕裡如何變化（研究人員本身並未按照這三幕來區分年

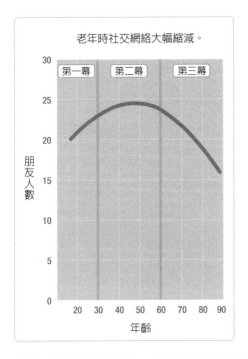

老年時社交網絡大幅縮減。

第一幕　第二幕　第三幕

朋友人數

年齡

齡。我把這個概念加在他們的資料上，用來說明一項重點）。

大家可以從圖中看出，人們來到六十歲左右的時候，他們的友誼關係急轉直下，他們的社交網絡範圍也縮減了。

這在直覺上是合理的。當我們離開職場的時候，曾經為我們的日常生活增添色彩的人際關係和朋友，可能會因此而中斷和失聯。當我們的孩子離開家裡，進入他們自己的第二幕時，我們通常會比較少見到他們，也更想念他們。當我們來到六十幾歲和七十幾歲的時候，和我們同一輩的人開始一個一個去世，一輩子的交情因而消逝，使我們的同輩變少。這份資料使我們長久以來懷疑的事得到確認：第三幕充滿痛苦。老年可能既孤單又與世隔絕，這是個悲傷的故事。

但這不是真實的故事。

沒錯，年長者和自己年輕的時候相比，社會網絡小了很多。但原因不是因為孤單或與世隔絕。這個原因，不但更加令人意外，而且更加斬釘截鐵。原因在於我們的**選擇**。隨著年齡漸長，我們意識到人生終有盡頭，我們會對朋友**去蕪存菁**。

英格里許和卡斯滕森請受試者畫出他們的社交網絡，將自己放在中間，外面圍了三個同心圓。最裡面的圈圈是「你覺得非常親近的人，你無法想像沒有他們的人生」。中間那圈是仍然重要、但沒有內圈那麼親近的人。最外面的圈圈是受試者覺得沒有中間那圈那麼親近的人。請看顯示出時間推移下內外圈人數的曲線圖。

剛過六十歲的時候，外圈人數開始下降，但內圈依然維持不變。之後，到了六十五歲左右，內圈人數慢慢超過外圈人數。

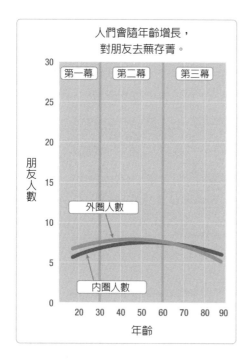

英格里許和卡斯滕森發現：「隨著受試者年齡增長，次要的同伴人數減少……但親近的社交夥伴人數，在進入晚年生活的過程中非常穩定。」不過，外圍和中間的朋友不會在

第三幕悄悄退出舞台。研究人員表示：「他們是在主動的情況下遭到刪除。」年長者的朋友總數變少，不是因為環境使然，而是因為他們開始「主動去蕪存菁，也就是，去除互動當中比較缺乏情感意義的次要夥伴」。[23]

一九九九年，卡斯滕森（以及兩名之前的學生）發表一篇題目為〈認真看待時間〉（Taking Time Seriously）的論文，開始擴大這個概念。「隨著人生的推移，」她寫道：「人們開始逐漸注意到，就某種意義來說，時間『正在消逝殆盡』。相較於現存親近關係愈來愈深的交情，增加社交聯繫令人覺得膚淺，而且微不足道。做出『正確』的選擇變得愈來愈重要，而不是浪費時間換取逐漸消失的未來報酬。」[24]

卡斯滕森將她的理論稱為「社會情緒選擇理論」（socioemotional selectivity）。她主張，我們對時間的看法會塑造我們的人生方向，並進一步形成我們追求的目標。當時間充裕、不受限制的時候，如同人生的第一幕和第二幕，我們會朝未來前進，並追尋「與知識相關的目標」。我們建構廣而散的社交網絡，希望藉此收集和塑造在將來對我們有利的資訊和關係。但隨著大限逼近，未來的日子變得比過去的日子少，我們的看法會改變。雖然許多人相信，年長者對過去的歲月感到痛苦，但卡斯滕森的諸多研究都顯示出相反的情形。「以時間為導向所顯示出的主要年齡差異與過去無關，而是與現在有關。」她這麼寫道。[25]

當時間不多又受到限制的時候，如同第三幕，我們會瞄準現在。我們追求的是不一樣的目標──情感上獲得滿足、對人生充滿感激,以及感覺到有所意義。這些新目標讓人「在選擇社交夥伴的時候分外嚴格」,並促使他們「以系統化的方式整頓社交網絡」。我們對人際關係去蕪存菁,忽略不必要的人,選擇將餘年用在小而緊密的網絡上,在這個網絡裡的人能滿足更高層次的需求。[26]

除此之外,卡斯滕森發現,激發去蕪存菁的並非年紀增長本身,而是各式各樣的結尾。舉個例子,在她拿大學四年級生和大一新生做比較的時候,在學最後一年的學生和他們七十多歲的祖父母一樣,呈現出社交網絡去蕪存菁的情形。人們準備要換工作或搬到新城市的時候,會對目前的社交網絡去蕪存菁,因為他們在那個情境下的時間要結束了。甚至就連政局轉變也有相同的效果。一九九七年英國將香港這塊領地移交給中國,在一項以移交前四個月的香港人為對象所做的研究中,年輕人和年紀較長的人都縮減了他們的朋友圈。

同樣有趣的是,反過來也能成立:擴大人們的時間範圍,會遏止去蕪存菁的舉動。卡斯滕森在一場實驗中要求受試者「想像他們剛才接到醫生的電話,醫生告訴他們,有個新的醫學突破,有可能為他們增加二十年的壽命」。在這種情形下,年紀較大的人對社交網絡去蕪存菁的機率不再高於年輕的人。[27]

然而,當去蕪存菁變得很重要的時候──只要我們進入各種情境當中的第三幕——我們就會把存在主義的紅色鉛筆削尖，畫掉任何可有可無的人事物。在布幕降下之前，我們會去蕪存菁。

向上提升：好消息、壞消息以及快樂的結局

「我有一些好消息和一些壞消息。」

你鐵定這樣說過。不管你是一名想要說明超過截止期限的父母、老師、醫生或作家，你都得傳遞消息——其中有好消息，也有壞消息——並且用這個二擇一的問句當做話頭。

但是，你該先說哪個消息呢？先說好消息，再說壞消息？還是先說傷心的事，再說開心的事？

我發現自己經常在傳達好壞參半的消息，頻率超越應該或想要這麼做的程度，身為這樣一個人，我總是先報喜再報憂。我的直覺是，要用好心情鋪一張柔軟的被墊，為接下來的巨大打擊提供緩衝。

我的直覺，哎呀，從頭到尾都大錯特錯。

要了解箇中原因，讓我們調換一下視角——從我變成你。假如你在接收端，要聽我說出好壞參半的消息，在我擺出「我有一些好消息和一些壞消息」的預備動作後，加了一個問句：「你想先聽哪一個？」

想一下這個問題。

你很有可能選擇先聽壞消息。過去數十年來有許多研究

發現，大約五分之四的人「情願以失去或負面結果開頭，最後再以獲得或正面結果收尾，不希望顛倒過來」。[28] 不論我們是得知檢查結果的病人，還是等待期中評量成績的學生，我們的偏好都很明顯：先報憂，再報喜。

但是，身為傳遞消息的人，我們經常做出相反的舉動。宣布殘酷的績效考核結果使人不安，所以我們喜歡從輕鬆的下手，先給幾匙糖，再餵對方吃苦藥，藉此展現我們的好意和關懷他人的本性。我們當然知道，我們想先聽壞消息。可是不知怎麼地，我們無法理解坐在桌子另一端，對我們的二擇一話頭皺起眉頭的人，也有相同的感覺。她寧願把噩耗拋開，以比較緩和的氣氛為這次的遭遇做結。正如研究此議題的兩位人員所言：「從我們的發現可以得知，醫生、老師和伴侶……在傳達好壞參半的消息時，可能表現得很差，因為他們一時之間忘記自己是病人、學生和另一半的角色時，會希望怎麼聽到這樣的消息。」[29]

我們大錯特錯——我大錯特錯——因為我們不懂結尾的最後一項原則：在有選擇的情況下，人們偏好向上提升的結尾。研究時機的科學發現——再說一次——我們似乎對快樂的結局有與生俱來的偏好。[30] 我們比較喜歡一連串走上坡的事件，比較不喜歡一連串走下坡的事件；比較喜歡一連串改善的事件，比較不喜歡一連串惡化的事件；比較喜歡一連串鼓舞我們的事件，比較不喜歡一連串打擊我們的事件。光是知道這種傾向，就能幫助我們了解自己的行為，並且改善我們和他人之間的互動。

例如，密西根大學的社會心理學家艾德・歐布萊恩（Ed O'Brien）和菲比・艾爾斯沃茲（Phoebe Ellsworth），想要了解結尾如何影響人們的判斷，所以他們就包了一整袋好時水滴巧克力，前往安娜堡分校某個人來人往的區域。他們擺了一張桌子，告訴學生他們在為內含當地食材的新款好時巧克力舉辦試吃活動。

人們怯生生地走向桌子，一名不知道歐布萊恩和艾爾斯沃茲在評估什麼的研究助理，從袋子裡拿出一顆巧克力，要受試者品嘗並用零到十分替巧克力打分數。

接著，研究助理說「這是你的下一顆巧克力」，再給受試者一顆巧克力糖，並要求她替這顆糖果評分。接下來，實驗人員和受試者做相同的事，又試吃了三顆巧克力，讓巧克力的總數來到五顆（試吃的人從頭到尾都不知道會拿到幾顆巧克力）。

這項實驗的關鍵就在受試者品嘗第五顆巧克力的時候。研究助理告訴一半的受試者：「這是你的下一顆巧克力。」但她對另外一半的受試者說：「這是你的最後一顆巧克力。」

得知第五顆巧克力是最後一顆的人——他們以為是試吃的活動要結束了——對那顆巧克力的喜好程度，比只知道那是下一顆巧克力的人要來得高。實際上，得知拿到最後一顆巧克力的人，對那顆巧克力的喜好程度，比其他任何一顆都要高多了。他們選第五顆巧克力做為最喜歡的一顆，機率是百分之六十四（相較之下，「下一顆」的組別選擇那一顆巧克力做為最喜歡的一顆，機率是百分之二十二）。「知道自己在吃最後一顆巧克力的受試者吃起來更開心，比起其他巧克力更喜歡這一顆，而且在整體經驗評價上，比其他以為自己只是再多吃一顆巧克力的人愉快。」[31]

劇作家了解上坡結尾的重要性，但他們也明白，最棒的結尾不一定都是傳統認知上的快樂結局。最棒的結尾，往往就像最後一顆巧克力，苦樂參半。「人人都能創造出快樂的結局——只要把角色想要的通通給他們就行了，」劇本創作大師羅伯特・麥基（Robert McKee）說：「藝術家給我們他承諾過的情緒……但帶著一股令人意外的強烈見解。」[32] 那通常來自主角終於了解交織著複雜情感的真相。為《巧克力冒險工廠》等電影撰寫劇本的約翰・奧古斯特（John August）表示，這種比較複雜的提升形式，是《天外奇蹟》、《汽車總動員》和《玩具總動員》三部曲等皮克斯電影的成功祕訣。

「每一齣皮克斯電影都有一名想要達成目標的主角，但他會明白這個目標不是自己需要的東西。通常，這樣會讓主角放棄他想要的東西（房子、活塞盃汽車大賽冠軍、安迪），轉而追求自己需要的東西（意想不到的真誠同伴、真正的朋友、跟朋友一起度過終生）。」[33] 結果，層次最高的結尾，核心在於這種錯綜複雜的情感。

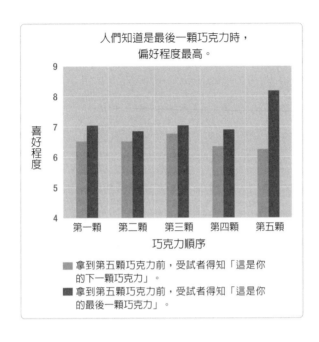

人們知道是最後一顆巧克力時，
偏好程度最高。

喜好程度

第一顆　第二顆　第三顆　第四顆　第五顆

巧克力順序

■ 拿到第五顆巧克力前，受試者得知「這是你
的下一顆巧克力」。
■ 拿到第五顆巧克力前，受試者得知「這是你
的最後一顆巧克力」。

　　我在前面提過研究年齡逢九者的哈爾·赫希菲爾德，他
和蘿拉·卡斯滕森以及另外兩位學者組成團隊，探討是什麼
令結尾具有意義。在他們的其中一項研究中，研究人員在畢
業典禮當天找上史丹佛大學的四年級生，調查他們的感受。
他們向其中一組提供以下指示：「請你記住自己現在的經
歷，並且就下列情緒為自己的感受評分。」然後，研究人員
給他們一張列出十九種情緒的清單。他們在給另外一組的指
示中加了一句話，強調某件事情就要結束了：「身為大四畢
業生，今天是你身為史丹佛學生的最後一天，請你記住這件
事，並且就下列情緒為自己的感受評分。」[34]

　　研究人員發現，有意義的結尾，核心在於人類其中一種複雜至極的情感：辛酸——混合著快樂和悲傷。對畢業生和所有人來說，因為辛酸傳達出重要性，所以最有力量的結尾會傳達辛酸。我們把辛酸看得很細，其中一個原因在於，辛酸運作起來會顛覆情感的物理特性。在原本快樂的時光裡添加一絲傷心的成分，會使這段時光提升，而不是遭到貶抑。研究人員寫道：「辛酸，似乎是結尾經驗所獨有的。」最棒的結尾不是帶給我們快樂，而是產生更豐富的東西——意料之外的見解湧現、超然物外的片刻、透過拋開想望而滿足需求的可能性。

　　關於我們的行為和判斷，結尾提供好消息，也提供壞消息。當然，我會先告訴你壞消息。結尾幫助我們編碼，但結尾有時候會讓我們太過看重最後一刻，忽略整體經驗，因而扭曲我們的記憶，並遮住我們的感官。

　　不過，結尾也可以是一股正面的力量。結尾有助於鼓舞人心，敦促我們達成目標。結尾能幫助我們為人生去蕪存菁。而且，結尾能幫助我們向上提升——不僅僅是透過追求快樂，而是透過更複雜的辛酸之力。尾聲、結論、終結揭露人類處境的某項本質：在最後，我們追求的是意義。

時間駭客指南

· 第 5 章 ·

「那年夏末，我們住的房子住在一個村子裡，這個村子面向河流，以及一處通往山上的平原。」

　　如果你們當中有文學愛好者，也許會認出這是海明威《戰地春夢》的第一個句子。在一本文學作品裡，開頭幾句的分量非常重，必須吊住讀者的胃口，吸引她繼續讀下去。這就是開頭句之所以讓人細細閱讀、久久不忘的原因。

　　（不相信嗎？那麼，叫我以實瑪利。＊）

　　但最後幾句呢？一部著作裡的最後幾個字也很重要，也應該給予相當的尊敬。最後幾句有提升和編碼的作用——方法是總括主題、解答疑問、讓故事縈繞在讀者的腦海中。海明威說，他重寫《戰地春夢》的結尾不下三十九次。

　　要認識結尾的力量，並提升自己創造結尾的能力，有個簡單的方法：從書架上拿幾本你最愛的書，翻到結局的地方讀最後一句，然後再讀一遍，花點時間仔細想想，甚至把它記下來。

　　以下提供一些我最喜愛的句子，讓你開始練習：

　　「外面的動物從豬看向人，再從人看向豬，又從豬看向人；但牠已經無法分辨誰是誰了。」

——《動物農莊》，喬治・歐威爾

＊譯注：「Call me Ishmael」是《白鯨記》的第一句，這句知名開場白在文學史上舉足輕重。

「『這樣不公平，這樣不對，』哈欽森太太放聲大喊，然後他們朝她逼近。」

——〈樂透〉，雪莉・傑克森

　　「現在，他知道夏利馬爾知道的事：如果你向天空投降，就能翱翔天際。」

——《所羅門之歌》，童妮・摩里森

　　「我在這個遠離眾人和各處的地方，一下子便進入夢鄉。」

——《發條鳥年代記》，村上春樹

　　「就這樣，我們奮力向前，逆水行舟，不斷朝過去倒退。」

——《大亨小傳》，史考特・費茲傑羅

　　那《戰地春夢》的最後一句——海明威在最後寫下什麼句子呢？「過了一會兒我走出去，離開醫院，在雨中走回飯店。」

什麼時候辭職：提供指引

許多「時機」的決定都牽涉到結尾。其中最重要的一個決定，就是什麼時候離開沒有起色的工作。那是很重要的一步，這個舉動帶有風險，而且不是每個人都能做這樣的決定。但是，如果你正在仔細考慮這個選項，以下提供五個問題，幫助你做出決定。

如果這些問題當中，你有兩題以上給出否定的答案，那麼也許是時候該畫上句點了。

1、在你下一次工作滿周年的時候，你希望自己還是在做這份工作嗎？

人最有可能離職的時間是工作滿一年的時候。機率第二高是在什麼時候？工作兩周年。第三呢？工作三周年。[1] 懂了吧。如果你對工作滿下一周年的想法感到害怕，開始找工作吧。等時機到來的時候，你的準備會比較充分。

2、你目前從事的工作，要求高而且在你的掌控之中嗎？

成就感極高的工作都有一個共同特性：敦促我們在工作中全力發揮，但是我們要能自己掌控，而不是受控於人。要求很高但缺乏自主性的工作，會使我們精疲力竭。能自己做主但缺乏挑戰的工作，會令我們感到無趣（要求不高又不能自己掌握的工作，最糟糕）。如果你的工作既沒有挑戰性又缺乏自主權，而且你對改善情況無能為力，考慮採取行動吧。

3、你的老闆是否讓你發揮實力？

史丹佛商學研究所教授羅伯特‧薩頓（Robert Sutton）在他的大作《好老闆，壞老闆：部屬不說但你非懂不可的管理祕技》（*Good Boss, Bad Boss: How to Be the Best . . .and Learn from the Worst*）中，說明值得效力的雇主具備哪些特質。如果你的老闆為你提供支援，負責任，不諉過，鼓勵員工努力工作但不插手干預，展現幽默感而非亂發脾氣，那麼你很有可能身在一個良好的職場環境裡。[2] 如果你的老闆是相反情形，小心──也許該脫身了。

4、你沒有三到五年調一次薪嗎？

提高薪資的其中一個好辦法是跳槽，而跳槽的最佳時機是工作開始後的三到五年。人力資源管理大公司「自動資料處理公司」（Automatic Data Processing, ADP）發現，這個時期是調薪的絕佳時間點。[3] 低於三年，時間可能太短，不足以發展市場所需的技能。高於五年，員工會開始依賴公司，升到管理階層，這樣要另謀出路會比較困難。

5、你的日常工作符合你的長期目標嗎？

許多各國所做的研究顯示，當你的個人目標符合組織目標，你會比較開心，也比較有生產力。[4] 既然如此，花點時間列出你在接下來五年和十年當中，最重要的兩項或三項目標。如果你現在的雇主能幫你達成這些目標，非常好。假如不行，考慮畫下句點吧。

什麼時候離婚：防患未然

你什麼時候該離婚？這種結尾實在令人擔憂，相關研究發展又缺乏條理，人們的人生境遇更是變化多端，難以提供一個確切的答案。不過，某些研究指出，在什麼時候你的配偶可能會採取行動。

茱莉·布萊恩斯（Julie Brines）和布萊恩·塞拉菲尼（Brian Serafini）分析十四年來華盛頓州的離婚申請案件，發現一個顯著的季節規律。離婚案件在三月和八月達到高峰；這個模式他們後來也在另外四州發現，並畫出下面這張樣子跟蝙蝠俠探照燈類似的圖表。[5]

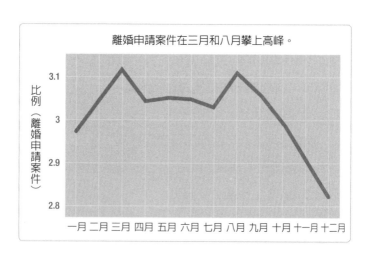

離婚申請案件在三月和八月攀上高峰。

這兩個月成為高峰的原因不清楚，但布萊恩斯和其他人推測，這個雙峰圖案的形成可能受國內儀典和家庭日程所影響。《彭博商業周刊》（*Bloomberg Businessweek*）指出：「離婚律師的工作旺季是一月和二月，那個時候假期結束，人們終於可以不必再假裝自己很快樂。」[6] 在冬季假期那段期間，配偶通常會再給他們的婚姻一次機會。但是當節日過完，幻想破滅的時候，他們就會找上離婚律師。由於爭議離婚必須經過某些程序，所以相關文件要四到六個星期之後才能送出去，這就說明了三月離婚率暴增的原因。相同的情形也有可能發生在學年要結束的時候。父母為了孩子維持婚姻關係。但是，等學校一放假，六月和七月的時候他們就找上律師事務所，結果在八月形成另外一次離婚申請高峰期。我已經警告過你嘍。

四個領域，讓你打造更美好的結局

　　既然我們知道結束的時刻有其力量，而且有能力塑造這些時刻，那就可以在人生中的許多領域，創造更有紀念價值、更有意義的結尾。以下提供四個概念：

工作日

　　工作日結束的時候，我們之中有許多人都想勉強離開工作崗位——去接小孩，趕回家準備晚餐，或者直接衝到最近的酒吧。但結尾的科學建議，與其匆匆離去，不如保留工作時段的最後五分鐘，刻意做幾件小事，讓這一天有個圓滿的結尾。開始時，先花兩、三分鐘寫下你從早上到那時完成的事。取得進展本身就是日常工作中最大的激勵因子。[7] 但是如果沒有記下我們「完成的事」，我們經常不知道自己有無進展。用記錄完成的事來結束一天，可以為這一整天編入更加正面的意義（保證：我已經連續四年這麼做了，而且我以這個做法做為擔保。在美好的日子裡，這麼做能傳達成就感；在糟糕的日子裡，這麼做通常能讓我看見，我比自己所想的做更多。）

現在，再用兩、三分鐘寫出你隔天的計畫。這樣有助於關上今天的門，讓你有面對明天的活力。

額外好處：如果你還有幾分鐘的時間，向某個人——任何人都行——寫一封表達謝意的電子郵件。我在第二章提過，感謝的恢復效果很強，和向上提升具有相同的力量。

學期或學年

學期結束的時候，許多學生都覺得鬆了一口氣。但是，只要稍微想一想和規畫一下，他們也可以體驗到向上提升的感受。就是這個原因，有一些受到啟發的老師，會利用結尾當做意義的標示。舉例來說，在芝加哥郊區的納澤瑞斯學院（Nazareth Academy）教授經濟學的安東尼·岡薩雷斯（Anthony Gonzalez）讓高年級生寫信給自己，五年之後他再寄給他們。「他們在信中運用高中學到的知識，預測將來的職業、薪水、希望經歷的冒險、股價等。這是讓他們反思的大好機會。」而且，岡薩雷斯也能利用這個好方法，在他們二十三歲、遠離高中回憶的時候，和他們重新聯絡。

在愛荷華州狄蒙（Des Moines）的北方高中，合唱團老師維妮莎‧布雷迪（Vanessa Brady）找她的先生賈斯汀（Justin）一起，在上學日最後一天帶平底煎鍋、奶油、糖漿和先生的手工煎餅糊到學校來，用煎餅日慶祝學年結束。

在俄羅斯莫斯科國立大學任教的艾里莎‧吉奧伊娃（Alecia Jioeva），為了學期的最後一堂課，帶學生到一間小餐廳，向彼此舉杯致意。

學年開始的時候，在紐澤西州的西溫莎－平原北部高中（West Windsor–Plainsboro High School North）教授語言藝術的貝絲‧潘多弗（Beth Pandolpho），要求學生用六個字寫傳記，然後用曬衣繩掛在教室周圍。學年結束的時候，學生再用六個字寫一篇傳記。他們大聲念出之前寫的傳記，從曬衣繩上面取下來，再把新的掛上去。「對我來說，」潘多弗表示：「感覺有一點像是，我們一起讓時間圓滿。」

假期

假期結束的方式，會影響我們之後如何訴說這個經歷。英屬哥倫比亞大學心理學家伊莉莎白‧鄧恩（Elizabeth Dunn）向《紐約》（*New York*）雜誌說明：「一段經驗的末尾似乎會大幅影響我們對這段經驗的記憶」，這就表示，「在旅行的最後一天，做件轟轟烈烈的事、搭熱氣球或來點其他什麼，會是……令回憶非常深刻的好策略。」[8] 在你規畫下一次假期的時候，你不需要把最棒的都留到最後。但是如果你刻意在結尾營造一段向上提升的經歷，不論是在當下還是回顧的時候，你都會覺得這段假期過得更開心。

購物

人們老是大聲疾呼顧客服務的重要性，但是對於和顧客、客戶接觸時的尾聲，我們卻普遍相當怠慢。沒錯，有些餐廳會在服務生送上帳單的時候送客人免費的巧克力。還有，在諾斯壯（Nordstrom）百貨公司，銷售人員的確會像他們的招牌作風，從櫃檯走出來，將顧客購買的東西親手交給他們。但是，想像一下，假如有更多機構用更重視的態度、更有創意的方式來處理結尾，又會是什麼情形呢。舉個例子，假如客人花某個金額吃完一餐，餐廳遞上一張卡片，請該桌客人從三間慈善機構中挑選一間，讓餐廳以他們的名義捐一筆小錢呢？或者，假如有人在店裡花了一大筆錢──買電腦、電器、昂貴的衣物──在他離開的時候，員工列隊說「感謝您」並為顧客鼓掌呢？

又或者，假如寫書的人為讀者提供某樣意料之外的東西，表達謝意呢？

嗯……好主意，我們就來試一試。

為了感謝大家挑選這本書，也感謝大家一路讀到這個章節的結尾，我要給你一張簽名藏書票——免費的。請在電子郵件中寫下你的名字和通訊地址，寄到whenbookplate@danielpink.com，我就會把藏書票寄給你。不用花錢，你不需要做其他事情，只是聊表謝意而已。結束。

第 3 部

同步與思考

6

快速與緩慢同步
團體時機的祕密

那就是幸福，融化於某種完整而偉大的事物之中。
——薇拉・凱瑟（Willa Cather），《我的安東尼婭》（*My Ántonia*）

在一個潮濕、悶熱的二月早晨，刊登婚禮服飾五折優惠的廣告看板上，陽光閃爍，就在此時，印度最大的城市也隨之熱絡起來。在孟買這裡，空氣中瀰漫著一股強烈的煙味。路上塞滿汽車、貨車、嘟嘟車，喇叭按得像一群憤怒的鵝。上班族穿著寬鬆長褲和紗麗湧入小巷子，趕著搭通勤火車。而四十歲的阿希魯・阿哈夫（Ahilu Adhav）調整好他的白帽子，跳上腳踏車，展開今天的路程。

踏著腳踏車穿越孟買的維勒帕雷（Vile Parle）社區，經過從新鮮大白菜到一組一組的襪子什麼都賣的街頭攤販，一路騎到一間小公寓。他停好腳踏車——快速煞住移動中的交通工具是阿哈夫的眾多技能之一——然後大步走進建築物，搭乘電梯到圖拉吉亞（Turakhia）一家人位於三樓的公寓。

現在是早上九點十五分。他按了一下門鈴，然後又按了一下。門開了。琳卡・圖拉吉亞（Riyankaa Turakhia）用幾句話表達讓他等待的歉意，然後交給阿哈夫一個大小和一加侖牛奶差不多的紫紅色帆布袋。布袋裡面裝了四個疊成一摞的金屬容器。那些容器是印度便當盒（tiffin），裡面裝著她先生的午餐，有花椰菜、黃扁豆、米飯和印度煎餅。在三個半小時內，這份自己在家煮的午餐將會出現在大約三十公里（十九英里）外，她先生位於孟買市區的辦公桌上。而且，大概七個小時之內，這個帆布袋和空便當會再次出現在這個相同的大門口。

阿哈夫是一名「達巴瓦拉」（dabbawala，dabba是那些金屬便當盒的印度文，wala的意思結合了「做事的人」和「商人」）*。他在星期一剛開始的六十八分鐘內，要收集十五份像這樣的午餐，把這些袋子一一綁在手把上或腳踏車後方。跟他合作的團隊還有另外十幾名達巴瓦拉，他們在這個向外蔓延出去、人口大約五十萬的鄰近地區，從其他地方把各自的袋子收集過來；然後，阿哈夫會整理這些午餐，用繩子把二十個吊掛在背上，搭上通勤火車的行李車廂，把午餐送到孟買商業區的商店或辦公室。

這麼做的不是只有他一個：孟買大約有五千名達巴瓦

---

*譯注：dabbawala是指送飯盒的人。

拉。他們每天配送超過二十萬份午餐。每一年,將近每個星期,一星期六次——精準度尤勝聯邦快遞和優比速公司(UPS)。

「在今天這個世界,人們非常注重健康,」在阿哈夫的第一站,圖拉吉亞告訴我:「我們渴望吃家裡做的食物。而他們盡忠職守,分秒不差地將便當盒送到正確的地點。」她的先生在證券公司上班,早上七點出門,要準備一份像樣的午餐,對任何人來說時間都太早了。但達巴瓦拉讓家庭能夠擁有時間和平靜的心。圖拉吉亞說:「他們非常、非常有組織,並且協調一致。」這五年,她用大部分中產階級城市家

達巴瓦拉阿希魯・阿哈夫把一份午餐綁在腳踏車後面。

庭負擔得起的費用（約每個月十二美元），請阿拉夫和他的團隊幫忙，他們沒有一次送錯午餐或遲到。

達巴瓦拉每天努力完成的事簡直有點荒謬。孟買二十四小時都處在極度高壓的步調中，一種不前進就被殲滅的特質，使得曼哈頓相較之下看起來像個漁村。孟買不僅是全世界最大的城市之一，也是人口數一數二的城市。光是這座城市的人肩並肩站著——一千兩百萬人擠進羅德島州五分之一大小的區域——就能讓這裡產生足以震動大地、混亂無序的緊張壓力。新聞工作者蘇卡圖・梅塔（Suketu Mehta）說孟買是「一座熊熊燃燒的城市」。[1] 可是，瓦拉商人卻有辦法讓帆布袋裝著的家常菜飯穿越孟買的一片混亂，像軍隊一樣精準、守時地四處運送。

更令人佩服的是，達巴瓦拉彼此之間緊密同步，與任務的節奏配合得天衣無縫，讓他們能夠完成這件大事——每天配送二十萬個午餐便當盒——卻不需要腳踏車和火車之外的任何科技產品。

沒有智慧型手機，沒有掃描器，沒有條碼，沒有衛星定位系統。

也沒有失誤。

人類很少單打獨鬥，我們在職場、學校、家裡做事情，很多都要跟別人合作。我們生存——甚至**活著**——的能力，取決於我們能不能及時以及隨著時間變化，與他人協調合作。是的，個人的時機——管理自己的開始、中間點和結尾——是關鍵，但團體的時機也很重要，而我們有必要了解當中的核心是什麼。

試想一下，有一名心臟病發作情況很嚴重的病患被推進急診室，那一名病患是生是死，取決於醫護專業人員是否彼此協調——他們能否在時間流逝，甚或病患性命垂危的情況下，熟練地同步進行他們的活動。

不然，想一想團隊時機會發揮作用但沒那麼急迫的狀況。在不同洲、不同時區工作的軟體工程師，要在特定的日期交貨。活動規畫人員要協調好幾組技術人員、接待人員和演講者，為期三天的會議才能準時展開，免得發生災難。政治候選人安排競選義工，在選舉日之前，向社區民眾拉票，請投票人登記和發送庭院看板。學校老師在校外教學的時候，帶領六十名學生的隊伍上下巴士和參觀博物館。還有體育隊伍、行進樂隊、貨運公司、工廠、餐廳，全都要求個人按照步調做事，配合別人一起行動，按照共同的節拍行進並邁向相同的目標。

我們之所以能夠做這些事，最主要是因為發生在一五〇〇年代晚期的突破。當時，十九歲的伽利略正在比薩大學攻讀醫學。他在吊燈的啟發之下，做了幾次臨時的鐘擺實驗，發現鐘擺運動主要是受吊軸的長度所影響——在軸長固定的情況下，不論軸長為何，鐘擺來回擺動一次的時間，每次都相同。他的結論是，這樣的周期性使鐘擺成為理想的計時器。因為伽利略的見解，數十年後人們發明了擺鐘。後來，擺鐘形成某個我們沒有意識到是新概念的東西：「限定的時間」。

想像一下，連一點粗略的時間概念都沒有的人生會是如何。你會找出方法度過這樣的人生，但不能像現在這樣度量時間，會變得既麻煩又沒有效率。你要怎麼知道什麼時候出貨、什麼時候巴士會來、什麼時候帶小孩看牙醫？擺鐘比先前的計時器準確多了，讓人們能夠協調彼此的行動，因此重新塑造了文明。公共時鐘出現在市鎮廣場，開始建立起單一的時間標準。我的兩點鐘變成你的兩點鐘。而且，公共時間的概念──「限定的時間」──在商業活動中產生潤滑的效果，使社會互動更加順暢。沒多久，當地時間標準化在地區內成功推行，地區標準化又擴大到全國，因而促成能夠加以預測的日程，以及晚間五點十六分前往波基普西市（Poughkeepsie）的火車。[2]

因為伽利略的關係，從幾個世紀之前開始的進展，釋放了我們和他人同步做事的能力。不過，在解讀時鐘上取得共識，只是第一個要素而已。非得同步協調不可，才能成功的團體──合唱團、划船隊以及那些孟買的達巴瓦拉──遵循三項團體時機原則：外部標準定步調、歸屬感協助個體凝聚，而同步協調同時需要福祉也能加強福祉。

換個方式來說，團體必須在三方面達成同步，分別是與頂頭上司同步，與群體同步，以及與心同步。

合唱團指揮、舵手與時鐘：與頂頭上司同步

　　大衛・西蒙斯（David Simmons）跟阿希魯・阿哈夫一樣高，但在身高之外，他們沒有任何相似之處。西蒙斯是一名從法學研究所畢業的美國裔白人，他的日常活動不是搬運便當，而是把合唱團的團員趕在一塊兒。他在二十五年前逃離法律工作——某一天，他走進事務所資深合作夥伴的辦公室說「我就是做不下去了」——之後這名很有音樂天賦的路德教派牧師之子，成為一名合唱團指揮。現在他是華盛頓特區國會合唱團（Congressional Chorus）的藝術總監。冬末某個嚴寒的星期五晚上，他站在八十名歌者前面，在華盛頓特區的阿特拉斯表演藝術中心（Atlas Performing Arts Center），帶領合唱團表演「公路之旅！」（Road Trip!）——這場兩個半小時的表演節目包括二十多首美國歌曲和組曲。

　　合唱團很特別。一個單獨的聲音可以唱一首歌，但讓好幾個聲音結合（有時候是很多聲音），結果會勝過各個聲音的總合。然而，要讓所有聲音結合在一起可不簡單，尤其是這種完全由業餘團員組成的合唱團。國會合唱團的名稱來自一九八○年代中期，十二名在國會山莊工作的人組成一支雜牌軍，希望能有舞臺讓他們表達對音樂的愛好，並且宣泄對政治的失望。現在，大約一百名成年人——其中依然有幾名國會助理，但也有好幾名律師、說客、會計師、行銷人員、老師——在這個合唱團中表演（實際上，就平均人數來看，華盛頓特區的合唱團比美國任何一個城市都多）。很多唱歌

的人都有在大學或宗教團體裡參加合唱團的經驗，有些人很有天分，但他們都不是專業歌手。除此之外，因為他們還有其他工作要做，所以他們每個星期只有幾次排練的機會。

這樣，西蒙斯要怎麼讓他們協調一致呢？他要怎麼樣，在當晚的加州衝浪組曲中，讓在舞臺上搖晃身體的七十二名業餘歌者，以及六名在他們前方表演的業餘舞者——在觀眾面前、同一時間——順暢地變換曲目，從〈衝浪女孩〉（Surfer Girl）到〈四處晃晃〉（I Get Around），收尾時精準地在同一時間，齊唱〈美國衝浪〉（Surfin' U.S.A.）最後一個字、最後一個音節的最後一個音？

「我是個獨裁者，」他告訴我：「我把他們操得很慘。」

西蒙斯面試每一名成員，由他一個人決定誰加入、誰退出。他在晚上七點準時開始排練，每一分鐘都事先經過規畫。他挑選每一場演唱會的所有曲目（他說，用比較民主的方式讓成員選擇要唱的歌，會讓演唱會變成「大雜燴」而不是一道米其林三星料理）。他很少容許團員有不同的意見，但不是出於某種專制主義下的深層驅動力，而是因為他發現，這個圈子要有效率，必須要有堅定的方向，而且偶爾要軟中帶硬。就像有個起初對這種領導方式很生氣的人曾經告訴他：「我每次都覺得很了不起，在第一次排練的時候，剛開始大家什麼都不知道，而到最後一場演唱會的時候，你會輕晃手腕，讓大家在同樣的地方唱出 T 的音。」

快速和緩慢同步的第一個原則是，團體時機需要老大——屬於團體但地位較高的某個人物或某樣事物，負責設定步調、維持標準並使眾人一心。

一九九〇年代初期，一位麻省理工史隆管理學院的年輕教授，對於組織運作方式在學界出現理解上的落差感到失望。「時間可以說是我們生命中最無所不在的部分」，黛博拉・安可娜（Deborah Ancona）這麼寫道，但是時間卻「沒有在組織行為研究中扮演重要和顯著的角色」。所以她在一九九二年發表的論文〈時機就是一切〉（Timing Is Everything）當中，從個體的時間生物學援用一個概念，並將這個概念運用在團隊的人類學上。[3]

你會想起第一章說過，我們的身體和大腦裡面有生理時鐘在影響我們的表現、心情和警醒程度。但你可能不記得，那些生理時鐘的運作周期通常比二十四小時長一些。在離群索居的情況下——譬如，像在某些實驗中那樣，在地下室待好幾個月不接觸光線或其他人——我們的行為會逐漸改變，要不了多久就會變成在下午睡覺，晚上毫無睡意。[4] 在地上世界防止人們出現這種失準的情形，是靠太陽升起和鬧鐘這種環境和社會的信號。我們的內在時鐘和外在線索同步，使我們在合理的時間準時起床上班或上床睡覺，這個過程稱為「曳引」（entrainment）。

安可娜認為曳引也發生在組織裡。[5] 某些活動——產品開發或行銷——會建立自己的步調。但是那些節律絕對有必要跟組織生命的外在節律達成同步,例如會計年度、銷售周期,甚至是公司的年齡或員工的職涯階段。安可娜主張,就像個人和外在線索同步那樣,組織也是如此。

在時間生物學中,那些外在線索稱為「環境鐘」(zeitgeber,「時間給予者」的德文)——也就是提爾・羅內伯格所說的,「使日變時鐘(circadian clock)同步的環境信號」。[6] 因為安可娜的想法,大家了解到團體也需要環境鐘。有時候定步調的人就像大衛・西蒙斯那樣,是單獨的一個領導者。確切來說,有證據顯示,團體通常會向地位最高的成員看齊,適應他的步調。[7] 不過地位和聲望不見得總是一樣。

在少數幾種運動員背對終點的競速運動當中,競技划船是其中一種,只有一名隊員面向前方。而在喬治華盛頓大學的美國國家大學體育協會第一級女子划船隊,舵手是莉狄亞・鮑伯(Lydia Barber)。鮑伯在二○一七年畢業,練習和比賽的時候,她坐在船尾,頭上戴著頭戴式耳機麥克風,對八名槳手大聲發號施令。傳統上,舵手的身材要盡量瘦小,這樣船上承載的重量才會比較輕。鮑伯只有一百二十二公分(她患有侏儒症),但她的人格特質和技能搭配起來,造就驚人的專注力和領導力,讓她在各方面成功駕馭這艘船。

鮑伯是定步調的人,所以她是老大,手下是一隊槳手,他們通常要在七分鐘內,從兩千公尺的比賽中勝出。在那四、五百秒之間,她大聲喊出划槳的節奏,這就表示「你要願意掌控一切，而且個性蠻橫」，她這麼告訴我。比賽開始的時候，船隻通常是停在水裡，所以槳手必須快速短划五下，讓船動起來。接下來，鮑伯會大喊十五次「全力划槳」——速度大約是每分鐘四十下。然後，她會轉換成稍微慢一點的划船節奏，警告槳手「換邊……換邊……換！」

在接下來的比賽中，她的工作是操控船隻、執行比賽策略，以及最重要的，讓團隊保持士氣高昂和協調一致。他們和杜肯大學（Duquesne University）比賽的時候，鮑伯喊的其中一部分口令是像這樣：

大家衝啊！

棒極了。

槳葉下水……出發！

（擊打）

第一下。

（擊打）

二……

使勁！

三……

追上去！

四……

追上去！

五……

甩掉它！

六……

加油！

七……

加油！

八……

雙腿用力！

九……

棒呆了！

十……

起身！下槳！

棒呆了，喬華大！蹬腿，加油！

　　八名槳手要彼此細膩地協調同步，船隻才能以最快速度前進。但是沒有鮑伯，他們無法有效同步。他們的速度是由從頭到尾沒碰到槳的人來決定，就像國會合唱團的歌聲取決於西蒙斯那樣，他沒有唱過一個音。對團體時機來說，老大地位崇高、隸屬其中、至關重要。

　　但是，在達巴瓦拉的例子裡，老大（他們的環境鐘）不是好好站在譜架前面，也不是蜷著身體伏在船尾，而是在火車站和在他們的腦中，整天在他們頭上盤旋著。

　　阿希魯‧阿哈夫早上收貨通常又快又有效率——一隻手臂從公寓裡伸出來，塞進阿哈夫等待著的雙手。他不會事先打電話，客戶不會像搭優步或來福車（Lyft）的車那樣追蹤他的位置。行程跑完的時候，他的腳踏車上掛了十五個布袋。他把腳踏車騎到維勒帕雷火車站對面的一塊人行空地上，沒多久就有大約另外十個達巴瓦拉在那裡和他會合。他們把便當盒卸下來，堆在地上，用玩三牌魔術的速度和自信，開始整理起這些布袋。然後每一名達巴瓦拉收集十到二十份午餐，綁在一起，再通通掛在背後。接著，他們往火車站走，走到孟買鐵路西線月臺。

達巴瓦拉在工作中擁有相當高的自主權，沒有人告訴他們要用什麼順序收集或配送這些午餐。這個團隊自己決定怎麼分工，沒有任何人擔任用高壓手段管理屬下的領班。

但在某個方面，他們沒有任何轉圜的餘地：時間。在印度的商業文化中，午餐時間通常安排在下午一點到兩點之間。意思是，達巴瓦拉必須在中午十二點四十五分之前送達，而那表示，阿哈夫的團隊必須搭上早上十點五十一分從維勒帕雷火車站出發的火車。錯過那班火車會破壞整個行程。對達巴瓦拉來說，火車時刻就是老大──設定工作節律、步調和節奏的外在標準，使一切有條不紊而不產生混亂的力量。它是不容置喙的暴君，這個專制的環境鐘擁有不可質疑的權威，它的決定就是金科玉律。

就這樣，這個星期一就和其他每一天一樣，達巴瓦拉在預定時間的數分鐘前抵達月臺。當頭頂上的時鐘指向十點四十五分，他們通通收集好布袋，火車都還沒完全停好，他們已經爬上行李車廂，準備搭車前往孟買的南部區域。

隸屬的好處：與群體同步

關於孟買的達巴瓦拉，有件事你必須知道：他們大部分最多只念到八年級。他們之中有很多人不會閱讀，也不會寫字，這件事更是讓他們的工作變得令人不可置信。

假如你是一名創業投資家，而我向你大力推銷下面的生意構想：

這是配送午餐的服務。到大樓收集家裡做的飯，然後精準地在午餐時間，送到他們的家人位在城市另一端的辦公桌上。順帶一提，這個城市是全世界排名第十大的城市，人口比紐約市多一倍，但缺少很多基礎公共設施。我們的事業不會用到行動電話、文字簡訊、線上地圖，也不會用到其他大部分的通訊技術。至於營運所需的人力，我們會聘雇國中沒有畢業的人，其中許多人是功能性文盲（functionally illiterate）*。

我猜，你不會找我來開第二次會，更不要說提供任何資金了。

＊譯注：指在現代社會中，讀寫能力不足以應付一般工作和生活需求的人。

不過，努壇孟買午餐飯盒供應商聯盟（Nutan Mumbai Tiffin Box Suppliers Association）的主席拉古納特‧梅吉（Raghunath Medge）表示，達巴瓦拉的失誤率是一千六百萬分之一；這個統計數字經常有人引用，但並未經過證實。話雖如此，達巴瓦拉的效率有名到連理查‧布蘭森（Richard Branson）和查爾斯王子都曾經加以讚揚——並且納入哈佛商學院的案例研究，成為深植人心的範例。不知怎麼地，自從一八九〇年達巴瓦拉開始運作起就一直很順利。而達巴瓦拉之所以運作順利的其中一個原因，是團體時機的第二項原則。

在個人與頂頭上司（設定工作步調的外在標準）同步之後，他們必須與群體同步，也就是與彼此同步；那需要很深的歸屬感。

一九九五年兩位社會心理學家，羅伊‧鮑麥斯特（Roy Baumeister）和馬克‧利瑞（Mark Leary），提出了他們所謂的「歸屬感假說」（the belongingness hypothesis）。他們主張「對歸屬感的需求是基本人類動機……而且人類的許多作為都是為了滿足歸屬感」。包括佛洛伊德和馬斯洛（Abraham Maslow）在內的其他思想家，都提出過相同的主張，但鮑麥斯特和利瑞想要找出實際證據，於是收集了具壓倒性的證據（他們在二十六頁長的論文中引述超過三百條資料）。他們發現，歸屬感深深影響著我們的想法和情緒。缺乏歸屬感會產生負面作用，擁有歸屬感則使人健康、知足。[8]

演化至少提供了一部分的解釋。[9] 在我們這些靈長類從樹上爬下來，在廣闊的莽原上漫步之後，隸屬於某個團體變成了生存的必要條件。我們需要其他人來分擔工作和留心四周。有所歸屬讓我們存活，無所歸屬則讓我們變成某種史前怪獸的午餐。

今時今日，這種由來已久對歸屬的偏好，幫助我們配合他人排定活動的時間。許多學者發現，社會凝聚力會使同步作用更強。[10] 或者，如西蒙斯所言：「在有歸屬感的情況下，會唱出比較棒的聲音。排練時的出席率比較高，大家的臉上會有比較燦爛的笑容。」但是歸屬的動力來自於內在，有時候要付出努力才會產生歸屬感。對團體協調來說，歸屬感會以三種形式出現：代碼、裝束和碰觸。

代碼

達巴瓦拉會把暗碼畫（或用馬克筆寫）在他們處理的每一個午餐布袋上。舉例來說，看這張以俯角拍攝的照片，照片裡面是阿哈夫運送的某個便當盒的最上層：

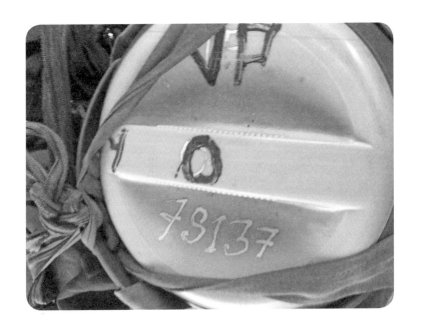

　　對你、對我，甚至是對午餐布袋的主人來說，上面的潦草字跡沒有什麼意義。但是對達巴瓦拉來說，這是協調作業的關鍵。前往孟買南部的火車轟隆隆地開著，我們的身體也喀噠作響地隨之前進，此時阿哈夫向我解釋這個符號的意思。「VP」和「Y」是指早上收集便當盒的社區和大樓，「0」是指便當盒要送達的火車站，「7」表示由哪一名達巴瓦拉從哪個火車站把便當盒送給客戶，而「S137」標明客戶上班的建築物和樓層。就是這樣。沒有條碼，甚至連任何街道地址都沒有。「我看著它，」阿哈夫告訴我：「一切都在我的腦海裡。」

　　在行李車廂內——孟買的火車非常擁擠，大家都不能攜帶大件行李——達巴瓦拉坐在地上,周圍可能有兩百個布料或塑膠材質的便當袋。他們互相開玩笑和聊天,用的是馬哈拉施特拉邦(Maharashtra)的馬拉地語(Marathi),不是大家主要使用的印地語。這些達巴瓦拉都來自同樣一個小村子,大約在孟買東南方一百五十公里的地方。他們很多都有親戚關係,實際上,阿哈夫和梅吉就是遠親。

其中一名叫斯瓦普尼爾‧波齊(Swapnil Bache)的達巴瓦拉告訴我,他們說相同的語言、來自同樣的村子,建立起一種「手足情誼」。而那種有歸屬的感覺,就像便當盒上面的代碼,會形成一種並非建立在正式關係上的相互理解,讓達巴瓦拉能預測彼此的行動並且和諧運作。

歸屬感能提升工作滿意度和表現。麻省理工學院的艾力克斯‧潘特蘭(Alex Pentland)「證明,團隊的凝聚力和溝通能力愈強——聊天聊得愈多和八卦講得愈多——完成的事情也愈多」。[11] 就連運作架構本身,都有促進歸屬感的作用。這些達巴瓦拉不是一個企業,而是一個社團,採用利益均分的運作模式,每一名達巴瓦拉都領到份額相同的錢。* 共同的語言和背景,讓他們能夠輕易做到雨露均霑。

---

*一般來說,達巴瓦拉每個月平均賺進兩百一十美元——以印度的標準來說並不豐厚,但足以養活一個鄉下家庭。

裝束

　　阿哈夫身形精瘦，白色的上衣不像穿在他身上，反倒像是掛在衣架上。他穿黑色的長褲和涼鞋，額頭上有兩點吉祥痣（bindi），但在他頭上的東西才是他最重要的服裝元素——一頂表示他是達巴瓦拉的白色甘地帽。達巴瓦拉的規矩不多，有一項是工作的時候必須隨時戴著這頂帽子。那頂帽子是他們做到協調一致的另外一項元素，能讓他們彼此緊密聯繫，讓外界認出他們屬於達巴瓦拉這個族群。

埃克納特‧康柏（Eknath Khanbar）（左）與斯瓦普尼爾‧波齊，
兩名達巴瓦拉在檢查決定便當盒送往何處的代碼。

服裝是一種標誌，代表歸屬和身分，有助於彼此協調。從高級餐廳的例子來說，他們的內部運作有一部分是芭蕾舞，另一部分則是軍事侵略。法式料理的先驅奧古斯都‧愛斯克菲爾（Auguste Escoffier）相信，服裝能創造和諧步調。「愛斯克菲爾讓他的廚師學習紀律、接受操練、遵守服儀規定，」有位分析家寫道：「制服使人昂首挺立、舉止端正。雙排扣白外套成為一種強調清潔和優良公共衛生的標準。更細微的地方在於，這些外套有助於在廚師群當中，以及廚師與其他員工之間，灌輸忠誠、隸屬、驕傲的感受。」[12]

這一套適用於烹調法式午餐的人，也同樣適用於配送印度午餐的人。

碰觸

有些合唱團會將他們的同步作用延續到指尖，在唱歌的時候牽起手來──彼此相連，使歌聲的品質更上層樓。達巴瓦拉不牽手，但他們確實展現出熟人之間在身體接觸上的不拘小節。他們會把手臂勾在同事身上，也會拍同事的背。他們能透過以手指物和其他手勢，用那些超越聽覺距離的方式來溝通。而且，在搭火車的時候，他們在沒有單獨座位的行李車廂裡常常互相靠著；達巴瓦拉會靠著另一人的肩膀小睡片刻。

碰觸是提升歸屬感的另外一項元素。舉例來說，幾年前加州大學柏克萊分校的研究人員嘗試透過檢驗NBA籃球隊所使用這種觸覺語言的情形，來預測他們是否能夠成功。研究人員觀察每一支球隊在賽季開始沒多久的一場比賽，並計算球員碰觸其他球員的頻率——他們把「擊拳、單手擊掌、撞胸、撞肩、搥胸、拍頭、抓頭、單手拍、雙手擊掌、擁抱、輕擁、聚攏隊員」列在清單上，然後在接下來的賽季中密切觀察球隊的表現。

即便控制影響打籃球比賽結果的顯著因素——例如球員素質——他們還是發現，碰觸會影響個人和團隊的表現。「碰觸是出生時發展程度最高的感覺，在人類及其祖先的演化過程中，其順序還先於語言，」他們寫道：「碰觸促進團體中的合作行為，進而提升團體表現。」碰觸是同步的一種形式，是指明你身在何處和何去何從的主要方式。「籃球發展出自己的觸覺語言，」他們寫道：「單手擊掌和擊拳在團體互動中，看起來是具展現作用的戲劇化小動作，傳達出很多團隊合作以及團隊會輸會贏的訊息。」[13]

團體時機需要有所歸屬，創造歸屬則有賴代碼、裝束和碰觸。等團體成員與群體同步，他們就準備好進入下一個，也是最後一個階段。

努力與全心投入：與心同步

中場休息時間結束，國會合唱團的歌者登上四層合唱臺，準備表演「公路之旅！」的第二幕。在接下來的七十分鐘，他們又唱了十來首歌，包括一首精采的二十四人阿卡貝拉（a cappella）純人聲合唱曲，演繹〈寶貝，我真驚喜〉（Baby, What a Big Surprise）。

合唱團員的聲音當然是同步的，每個人都聽得出來。但是，在他們的身體裡面是怎麼樣的情形，雖然聽不見，卻很重要而且也引人好奇。在這場表演中，這群背景互異的業餘歌者可能有相同的心跳速度。[14]

與心同步是團體時機的第三項原則。同步讓我們有良好的感受——良好的感受能幫助團體的齒輪轉動起來比較順暢。和他人協調，也能讓我們有好的表現——有好的表現能加強協調作用。

在人生少數幾樣絕對有益的活動中，運動是其中一項——能帶來非常多好處，卻不需要多少成本。運動能幫助我們活得比較長久，能預防心臟疾病和糖尿病。運動能減輕體重，使我們更有力量。而且，運動具有非常高的精神價值，對受憂鬱症所苦的人來說，它有立即且持久的情緒舒緩效果。[15] 每個檢視運動科學的人都會得到相同的結論：**不運動的人是傻子**。

也許合唱是一種新的運動。

針對在團體中唱歌所做的研究，結果令人震驚。合唱能使心跳速度緩和下來，並提高腦內啡的水準。[16] 合唱能改善肺部功能，[17] 提高疼痛閾值，降低對止痛藥物的需求，[18] 甚至舒緩大腸急躁症。[19] 團體合唱——不只是表演而已，還包括練習在內——能促進免疫球蛋白的製造，更能有效對抗傳染疾病。[20] 事實上，參加合唱排練的癌症患者顯示出，光是一場排練，就能讓他們的免疫反應因此改善。[21]

而且，雖然運動對身體的好處很多，但是對心理的好處也許更大。許多研究證明，合唱能大幅提升正面情緒。[22] 運動還能提振自尊，同時減少壓力感和憂鬱的症狀。[23] 合唱能加強一個人的使命感，讓人覺得有意義，提高對他人的敏感程度。[24] 這些效果不是來自於唱歌本身，而是來自於在**團體中**唱歌。例如，在合唱團裡唱歌的人表示感受到幸福，程度比獨唱的人要高出許多。[25]

隨之而來的是一種良性循環，擁有良好的感受，而且協調程度也會提升。感覺良好能促進社會凝聚，使同步更加容易。與他人同步令人感覺良好，深化忠誠度，並且進一步提升同步作用。

合唱團最能強而有力地呈現出這個現象，但在其他活動中，參與者想辦法同步運作，也能創造出類似的良好感受。牛津大學的研究人員發現，團體舞蹈——「一種普遍存在、需要配合音樂努力做出同步動作的人類活動」——提高參與者的疼痛閾值。[26] 划船也有相同效果，參與者在極度痛苦中努力和水花搏鬥。牛津大學以划船校隊的成員為對象做了其他研究，發現人在一起划船的時候，疼痛閾值會提高，而獨自划船的時候，疼痛閾值的提高幅度比較小。他們甚至將這種「同步活動參與者比較不易受疼痛影響」的精神狀態稱為「槳手的快感」（rowers' high）。[27]

丹尼爾‧詹姆士‧布朗（Daniel James Brown）在著作《船上的男孩》（*The Boys in the Boat*）中，講華盛頓大學九人划船隊在一九三六年柏林奧運奪金的故事。這本書裡有一段非常生動的描述：

最後他明白，那些幾近神祕的信任和情感聯繫，在適當的培養之下，有可能將隊員提升到超乎尋常的範疇，並將他們帶到一個境界，讓九名男孩在這裡不知怎麼地合為一體——這個東西不太能夠加以定義，這個東西在他們划船的時候，與湖水、大地以及上方的天空如此協調融洽，全心投入的狀態取代了划船的辛勞。[28]

九個人可以成為一個活躍的整體，全心投入可以因此取代辛苦付出，顯示出我們對協調同步有根深柢固的需求。有些學者主張，我們有一種想要跟別人同步的內在欲望。[29] 某個星期天下午，我向大衛‧西蒙斯提出一個比「國會合唱團的歌者怎麼同時唱出T音」還要廣的問題。為什麼人要在團體中唱歌？我很好奇。

他想了一下，回答：「這讓人們感覺到自己不是一個人在這個世界上。」

回到國會合唱團的音樂會，一首來自音樂劇《漢密爾頓》（Hamilton）、激勵人心的歌曲〈放手一搏〉（My Shot），讓觀眾聽得起身喝采。這群觀眾現在也同步了，以有節奏的方式熱烈地鼓掌喝采。

西蒙斯宣布倒數第二首歌是〈這是你的國土〉（This Land Is Your Land）。但在歌者開始獻唱之前，他告訴觀眾：「我們要邀請各位和我們一起唱〔這首歌〕的最後一段副歌。看我的提示。」音樂開始，合唱團員吟唱歌曲。之後，西蒙斯猛然伸出手向觀眾示意，然後三百名觀眾——大部分彼此不認識，而且可能永遠不會再次出現在同樣的室內空間——非常緩慢地開始一塊唱起歌來，雖然並不完美，但卻熱情十足，一直唱到最後一句：「這片國土是為你和我而建立。」

阿希魯・阿哈夫搭了四十分鐘的火車後，在孟買南端和阿拉伯海交界處附近的海洋線車站下車。從這座城市其他地方來到這裡的達巴瓦拉與他會合。他們利用代碼，再次迅速分配便當袋。然後，阿哈夫抓起另一名達巴瓦拉留在這個車站的腳踏車，動身分送便當。

只是這一次他沒辦法騎，街上擠滿了車輛，他們之中大部分對車道顯然沒什麼概念，他的腳踏車被擠到停住的汽車、橫衝直撞的機車當中，而且偶爾出現的牛隻比騎腳踏車的速度快。他的第一站是一間電子零件販賣店，在一條叫做維塔達斯巷的擁擠集市街道裡。他在那裡把一個破舊的便當

袋放在店主的桌子上。目標是在中午十二點四十五分之前把
便當通通送達，這樣他的客戶（還有達巴瓦拉自己）才能在
下午一點到兩點之間吃午餐，然後阿哈夫可以準時回收空便
當，搭上下午兩點四十八分的回程火車。今天，阿哈夫在中
午十二點四十六分送完便當。

阿希魯‧阿哈夫在孟買的集市街道上送兩份午餐。

　　前一天下午，午餐飯盒供應商聯盟主席梅吉向我形容，
說達巴瓦拉的工作是「神聖的任務」。他在談配送午餐便當
盒的時候喜歡用類似宗教的詞彙。他告訴我，達巴瓦拉信條

中的兩大支柱是「工作等於敬拜」以及「顧客就是神」。而
這種天上的哲學，能夠發揮俗世的影響。如同梅吉對撰寫哈
佛商學院案例研究的史蒂芬・湯克（Stefan Thomke）所說明
的：「如果你把達巴當做一個容器，那你可能不會認真看待
它。但是如果你把這個容器想成必須送給性命垂危的病患，
急迫感就會逼著你投入。」[30]

這種層次較高的目標，是達巴瓦拉版的與心同步。共同
的使命幫助他們協調，除此之外也開啟另一個良好的循環。
科學顯示，和他人一起融洽地做事，能讓我們把事情做好的
機率提高。舉例來說，牛津大學的芭哈・東齊甘茨（Bahar
Tunçgenç）和艾瑪・科恩（Emma Cohen）進行研究，發現
比起玩不同步的擊掌遊戲，玩有節奏的同步擊掌遊戲之後，
孩童幫助同儕的機率比較高。[31] 在類似的實驗中，玩過同步
遊戲的兒童表示他們會再回來，和其他本來不在團體裡的小
孩一起從事他們感興趣的活動，機率比起其他小孩要大上許
多。[32] 就連在同一組鞦韆器材上和另一名小孩同時盪鞦韆，
都提高了後續合作的機率及技巧。[33] 同步活動擴大我們對外
人的開放程度，使我們更有可能參與「支持社交」的行為。
換句話說，協調使我們成為更好的人——成為更好的人，使
我們成為更能協調的人。

阿哈夫的最後一個便當盒收集點在杰曼公司（Jayman
Industries），這家手術器材製造商的辦公室是兩間空間狹小
的房間。阿哈夫到達的時候，公司老闆希闌德拉・薩維里

（Hitendra Zaveri）還沒有時間吃飯。所以阿哈夫在那裡等薩維里打開他的便當盒。不是可悲的辦公桌午餐，看起來很好，有印度烤餅、米飯、扁豆和蔬菜。

薩維里使用這項服務有二十三年的時間了，他說他比較喜歡家裡做的午餐，因為品質有保證，而且外面的食物「對健康不好」。他對於他口中的「時間精準度」也很滿意。但讓他成為長期客戶的原因比這個微妙。他的妻子替他煮午餐，煮了好幾十年，即便他經過遙遠的路途、度過了狂亂的一天，但這段短暫的中午休息時間讓他因此和妻子產生連結。達巴瓦拉實現了這件事。阿哈夫的任務也許根本不算神聖，但也頗為接近了。他配送食物——由家人為其他家人準備，在家裡煮的食物。而且他不是只送一次，甚至也不是一個月只送一次，他是幾乎每天都在做這件事。

阿哈夫做的事情基本上和遞送達美樂的披薩不同，他在早上見到一名家中成員，然後晚一點的時候又見到另一名家中成員。在他的幫助下，前者餵養後者，後者感謝前者。阿哈夫是讓家庭繫在一起的結締組織。披薩配送員也許很有效率，但他的工作並不超然。反之，阿哈夫很有效率，是因為他的工作超凡脫俗。

首先他跟老大同步——那班早上十點五十一分從維勒帕雷火車站出發的火車。接著他跟群體同步——他那些戴著白帽、口說相同語言、看得懂祕密代碼的達巴瓦拉夥伴。但最後，他透過困難、耗費體力的工作，餵養人們、聯繫家庭，與更崇高的東西——心——達成同步。

阿哈夫早上到某一站的時候,那是一棟叫佩利肯（Pelican）的建築物七樓,我遇見一個接受達巴瓦拉服務十五年的人。他和我遇到的其他許多人一樣,說他沒有遇過放鴿子、遲到或送錯路的情形。

但他的確有一件抱怨的事。

便當盒從他家的廚房拿到阿哈夫的腳踏車上,送到第一個火車站,掛到一名達巴瓦拉的背上,然後抵達另一個火車站,送到擁擠的孟買街道上,再到他的辦公桌上,在這個了不起的旅途中,「有時候你的咖哩會跟飯混在一起」。

時間駭客指南

·第6章·

七個方法，發掘你自己的「同步者快感」

　　與其他人協調和同步是個有效的方法，能夠提高你的身心福祉。如果目前你的人生中沒有這樣的活動，以下幾種方法能幫你發掘自己的同步者快感（syncher's high）：

 1、在合唱團裡唱歌。
　　　　就算你從來沒有參加過任何音樂團體，跟別人一起唱歌一樣會立刻產生振奮的效果。想要了解世界各地的合唱聚會，請至https://www.meetup.com/topics/choir/。

2、一起跑步。
　　　　跟別人一起跑步可以一石三鳥：運動、社交、同步，一次滿足。你可以上網尋找跑步團體，例如美國路跑者俱樂部（Road Runners Club of America）的網站：http://www.rrca.org/resources/runners/find-a-running-club。

3、加入划船隊。
　　　　幾乎沒有活動跟團體划船一樣，必須要完美地同步。這也是完整的運動：有些生理學家指出，兩千公尺划船競賽所燃燒的卡路里，跟連續打兩場全場籃球賽一樣。你可以到http://archive.usrowing.org/domesticrowing/organizations/findaclub上面找這樣的俱樂部。

4、跳舞。

　　跳國標舞和其他類型的交際舞，都需要和另外一個人同步活動，還要跟著音樂協調動作。你可以到https://www.thumbtack.com/k/ballroom-dance-lessons/near-me/上面找一個在你附近的舞蹈班。

5、上瑜伽課。

　　假如你還需要再聽一個理由，證明瑜伽能帶給你的好處，那就是做瑜伽可以讓你體驗同步的快感。

6、快閃舞。

　　如果你想從事比社交舞冒險、比瑜伽熱鬧的活動，可以考慮快閃舞——陌生人可以透過這種比較輕鬆愉快的方式，為其他陌生人表演。這種活動通常是免費的，而且——想不到吧——快閃舞大部分會事先宣傳。想知道更多資訊，請到http://www.makeuseof.com/tag/5-websites-tells-flash-mob-place-organize/。

7、協力料理。

　　自己做料理、吃東西、收拾碗盤可能很無聊，但一起做料理必須同步才能振奮人心（更不用說還會有像樣的一餐了）。想知道協力做料理的祕訣，參見https://www.acouplecooks.com/menu-for-a-cooking-date-tips-for-cooking-together/。

提出三個問題，然後反覆詰問

團體開始同步運作後，成員還有其他事情要做。團體協調的邏輯不是像慢燉鍋那樣設定好就丟著不管，而是要經常振奮人心和小心看顧。意思是，想要讓團體始終符合時宜，你應該要定期——一個星期一次，或者至少一個月一次——提出這三個問題：

1、我們有明顯的老大（不管是一個人或某種外在標準都可以）嗎？讓大家互相尊重、有明確的角色，而且每個人都能在第一時間把焦點放在他身上？

2、我們是否正在培養歸屬感，使個人認同更充實、歸屬感更深，讓每個人都能和群體同步？

3、我們是否符合團體成功的必要條件：正在振奮人心——有良好的感受、事情做得很好？

助你提升團體時機技巧的四項即興練習

即興劇場的人不僅要能快速思考，也要同步得非常好。在沒有劇本的協助下，要和其他表演者一起安排說話和動作的時間，比觀眾所看見的還要難上許多。這就是即興表演團體會做各種時機和協調練習的原因。以下是即興大師凱西・沙利特（Cathy Salit）推薦的四項練習，也許會對你的團隊有所幫助：

1、魔鏡啊,魔鏡。

找個同伴,面對她,然後慢慢移動你的手臂或雙腿——或是抬眉、改變臉部表情。同伴的任務是反映你的動作——在同一時間、用同樣的速度跟你一樣伸長手肘或彎曲眉毛。接著交換角色,讓她做動作,你來反映。你也可以在人數較多的團體當中這麼做。大家圍坐成一圈,中間的人做什麼動作就跟著做。沙利特說:「剛開始通常是不知不覺,然後會發展成整圈的人都在反映自己的動作。」

2、心有靈犀一點通。

這個練習能促進比較偏概念方面的同步。找個同伴,一起數到三,然後兩個人同時各說一個詞——想說什麼都行。假設,你說「香蕉」,而你的同伴說「腳踏車」。現在,你們一起數到三,說出一個在某個方面和先前這兩個詞有關的詞彙。以這個例子來說,你們兩個有可能會說「蕉形座墊」。心有靈犀一點通!但是,如果你們兩個說出不同的詞彙,八竿子打不著邊——假如一個人說「商店」,而另外一個說「輪子」——那就要重來一次,數到三,然後說一個跟「商店」和「輪子」有關的詞彙。你們兩個想到同一個詞彙嗎?(我在想「手推車」,你呢?)如果沒有,一直持續到你們兩個說出同一個詞彙為止。做起來比聽起來還要難,但是這樣真的能加強你在心靈同步上的實力。

3、拍手接力。

這是經典的即興暖身練習。圍成一圈,第一個人轉向右邊,和第二個人互相直視對方的眼睛,然後同時拍手。接著,第二個人轉向她的右邊,和第三個人互相直視對方的眼睛,兩個人一起拍手(也就是,第二個人把拍子傳向第三個人)。之後,第三個人繼續傳下去。在拍子從一個人傳給另一個人的過程中,某個人可以決定逆轉方向,不轉身傳拍子,而是「拍回去」。之後,任何一個人都可以再次逆轉方向。目標是只專心和一個人同步,這樣有助於整個團體協調,並且把隱形的標的傳遞下去。上YouTube搜尋「拍手接力」(pass the clap),看一看這個練習的實際操作情形。等待搜尋結果的時候,你也許可以替這個遊戲想一個比較不會搜出「士力架巧克力」的名稱。

4、野獸男孩饒舌歌。

這個團體遊戲的名稱來自嘻哈團體,成員必須建立結構,幫助別人一起行動。第一個人根據特定的強弱拍結構,唱出一句饒舌歌詞。即興資源中心維基百科(Improv Resource Center wiki)舉了這個例子:「**住**在家**裡**真**是**好**無聊。**」接著其他成員跟著哼這句副歌:「**是**啊啊**啊**啊**啊**啊**啊啊!**」然後下一個人提供一句新的歌詞,在唱最後一字前稍微停頓一下,讓所有團員能夠一起唱。例如,接著唱:

第二個人：「我都用同個棕色便當**包**」

團員：「**是啊啊啊啊啊啊啊啊**！」

第三個人：「我喜歡躺絨布睡午**覺**」

團員：「**是啊啊啊啊啊啊啊啊**！」

我要說明：不是每個人都能馬上熟悉所有練習，但是有的時候你得奮力一搏，讓自己能夠跟別人同步行動。

在團體中促進歸屬感的四項技巧

1、快速回覆電子郵件。

我問國會合唱團藝術總監大衛‧西蒙斯，用什麼策略來促進歸屬感的時候，他的答案出乎我的意料。「你要回覆他們的電子郵件，」他說。有研究支持西蒙斯的直覺。

根據現任微軟研究院（Microsoft Research）首席研究員、哥倫比亞大學社會學家鄧肯‧華茲（Duncan Watts）的研究，電子郵件回覆時間就是最好的預測因素，可以從中看出員工對他們的頂頭上司滿不滿意。上司回覆電子郵件的時間愈長，人們對於帶領他們的人就愈不滿意。[1]

2、訴說掙扎奮鬥的故事。

說故事是讓團體凝聚的一種方法。但是，團體成員不能只說成功的故事。失敗和軟弱的故事也能培養歸屬感。舉個例子，史丹佛大學的葛雷哥利·華頓（Gregory Walton）發現，對可能覺得跟團體疏離的個人來說（例如，以男性為主的環境中的女性，或是白人居多的大學裡其他膚色的學生），這種類型的故事力量會很強。[2] 光是閱讀另外一名大一學生從不順遂到最後找到定位的事蹟，就能產生歸屬感。

3、培養有益自律的團體儀式。

團結、協調的團體都有儀式，幫助他們融合身分和加深歸屬感。但是並非所有儀式都有相同的力量。最有價值的儀式源自於團體成員，不是精心安排得來的，也不是高層所施加的。對樂手來說，可能是他們在暖身時一起唱的一首歌。對合唱團員來說，也許是每次排練前大家聚會的咖啡店。如史丹佛大學的羅伯·威勒（Robb Willer）所發現：「如果發動者是主管，職場社交功能比較無效。比較好的方法是員工依照他們方便的時間和地點，自動自發地投身其中。」[3] 使人團結的，是有機的儀式，不是人工的儀式。

4、開辦拼圖教室。

在一九七〇年代初期，社會心理學家艾略特·亞隆森（Elliot Aronson）和他在德州大學指導的研究生設計出一種合作學習技巧，用來解決當時奧斯汀公立學校整合所衍生的種族分化問題，並將其稱為「拼圖教室」（jigsaw classroom）。隨著這個技巧逐漸在學校裡產生影響，教育工作者了解到，這個技巧對各式各樣的團體協調都有促進的效果。

進行方式如下。

老師將學生以五人為單位分成各個「拼圖小組」。然後，老師將當天的學習內容分成五個段落。例如，假如班上正在學習林肯的生平，也許可以分成林肯小時候、政治生涯早期、美國內戰即將爆發前擔任總統、簽署「解放宣言」和遇刺身亡。每一名學生負責調查一段時期的資料。

接著，學生開始研究他們的資料，跟班上其他分到相同作業的五人小組成員一起組成「專家小組」（也就是說，所有分配到「解放宣言」的學生通通聚在一起）。研究完，每個學生回到自己的拼圖小組，教其他四個同學。

這個學習策略的關鍵在於結構分明的相互依賴關係。每個學生都提供其中一段必要的資料，在這個基礎上，讓其他人得以一窺完整面貌。而且，每個學生能否成功，有賴自己和夥伴的貢獻。如果你是一名老師，不妨試試。但就算學生時期已經離你很遠了，你還是可以在許多工作環境中運用拼圖法。

7

用時態思考

幾句結語

光陰似箭，果飛如蕉。

——格魯喬‧馬克思（Groucho Marx）（或許）

這章開頭引用的俏皮話，每次都讓我會心一笑。這是經典的格魯喬，一種要轉換文字、轉一轉腦筋的趣話，沿襲「在狗之外，書是人最好的朋友；在狗裡面，暗得讀不了書」的傳統。[1]*可惜，馬克思兄弟（Marx brother）中最出名的朱利烏斯‧亨利‧馬克思（Julius Henry Marx）可能從來沒有這樣說過。但是，這句話的真實歷史，以及它所體現出來、複雜得令人驚訝的想法，提供了這本書的最後一個概念。

---

*譯注：原句為「Outside of a dog, a book is a man's best friend. Inside of a dog it's too dark to read」，是一句利用「outside」（在……之外）做變化的雙關語。

　　真正說出這兩句話的人——或者至少，提出原始發展材料的人——是一位語言學家、數學家和電腦科學家，名字叫做安東尼‧歐汀格（Anthony Oettinger）。今時今日，人工智慧和機器學習成了炙手可熱的議題，引發眾人深深為之著迷，相關研究和投資達數十億美元。但在一九五〇年代，歐汀格開始在哈佛大學教書的時候，他們對此可說是一無所知。歐汀格是這幾個領域的先驅——他是精通多語的博學之士，以及全世界最早探索電腦能否理解人類自然語言的其中一人。在當時，企圖了解這點是一項挑戰，現在依然如此。

　　「早期，宣稱電腦可以翻譯語言是一件極其誇張的事，」歐汀格在一篇一九六六年發表於《科學美國人》（*Scientific American*）的文章中，以令人驚詫的精準度預測到電腦後來在科學上的許多用途。[2] 剛開始困難之處在於，脫離現實生活的來龍去脈，許多詞組可能有好幾個意義。他舉「Time flies like an arrow」（光陰似箭）為例。這個句子可能是指時間以箭枝劃破空中的高速流逝，但歐汀格解釋，「時間」也可以是祈使動詞——嚴詞命令昆蟲速度研究員「拿出碼表，以極快的速度，或像箭枝那樣，測量蒼蠅*花的時間」。又或者，這句話用來形容某個喜好**箭枝的飛蟲物種——「time flies」（時間蒼蠅）。他說，程式設計師能讓電腦

＊譯注：flies也可以是「蒼蠅」的複數形。
＊＊譯注：like在這裡當做動詞，是喜歡的意思。

試著理解這三種意涵之間的差異，但是其中的根本規則會衍生出一堆新的問題。那些規則無法解釋句法相似但語意不同的句子，例如……聽好了……「Fruit flies like a banana」（果飛如蕉／果蠅愛蕉）*。這是一道字謎。

沒多久，這句「Time flies like an arrow」（光陰似箭）在研討會和課堂上，變成說明機器學習挑戰的最佳範例。聖母大學教授弗雷德里克‧克羅森（Frederick Crosson）編輯了其中一本最早的人工智慧教科書，他寫道：「『時間』這個詞在這裡可能是名詞、形容詞、動詞，衍生出三種不同的句法詮釋。」[3] 箭和香蕉的對句流傳已久，許多年後，不知怎麼地跟格魯喬‧馬克思扯在一塊兒。但耶魯大學圖書管理員和引言大師弗雷德‧夏皮洛（Fred Shapiro）說：「沒有理由相信格魯喬真的說過這句話。」[4]

但是，這句話屹立不搖，讓我們從中看出某件重要的事。如克羅森所指出，即使是在由五個字組成的句子裡，「time」可以當做名詞、形容詞或動詞來用。它是我們意義最廣泛和最多元的字彙之一。就像「Greenwich Mean Time」（格林威治時間）中的「time」那樣，「time」可以是專有名詞。名詞形式也可以用來表示一段時間，例如「How much

---

*譯注：在跟「Time flies like an arrow」詞性對仗的情況下，「Fruit flies like a banana」的字面意思為「水果飛得跟香蕉一樣」，但在邏輯上並不合理。比較合理的意思是「果蠅喜歡香蕉」，但在「Time flies like an arrow」的影響下，要換個角度想才看得懂。

time is left in the second period?」（第二堂課還剩多少時間）；可以表示特定時間，例如「What time does the bus to Narita arrive?」（開往成田的巴士什麼時候會到）；可以表示抽象概念，例如「Where did the time go?」（時間到哪去了）；可以表示總體經驗，例如「I'm having a good time」（我現在很開心）；可以表示歷史上的時期，例如「In Winston Churchill's time…」（在邱吉爾執政的時期），族繁不及備載。其實牛津大學出版社的研究人員表示，「time」是英文中最常見的名詞。[5]

「time」當動詞使用的時候也有各種意義。我們可以「time a race」（替競速比賽計時），這麼做的時候往往會用到時鐘；也可以「time an attack」（排定進攻時間），這麼做通常不會用到時鐘。我們可以在演奏樂器的時候「keep time」（合拍子）。而且，就像達巴瓦拉和樂手那樣，我們可以「time our actions with others」（讓我們的行動和別人的時間對得起來）。這個字可以當形容詞來用，例如「time bomb」（定時炸彈）、「time zone」（時區）和「time clock」（打卡鐘）──而「時間副詞」則代表另外一個完整的詞類。

但時間滲透進我們的語言，為我們的想法增添色彩，層面甚至比這深入。世界上的語言大部分都用時態──尤其是過去、現在和未來──替動詞標示出時間，藉此傳達意義和顯露想法。我們說出口的每個詞組幾乎都帶有些許時間的意味。在某種意義上，我們是用時態在思考。而且，當我們在思考自己的時候，尤其如此。

仔細想一想過去。有人說我們不該耽溺於此，但是研究清楚顯示，用過去式思考可以使我們更加了解自己。舉個例子，懷舊（nostalgia）——深入地想著過去，而且有時候會為過去而痛苦——曾經一度被人視為一種病狀，覺得這種缺損會讓我們從眼前的目標分心。十七世紀和十八世紀的學者認為這是一種生理疾病——「在本質上是受惡魔影響的大腦疾病」，促發的因素是「動物靈魂透過中腦神經纖維，進行相當持久的振動」。其他人相信，懷舊的成因在於大氣壓力改變或「血液中的黑膽汁分泌過多」，又或者，懷舊可能是瑞士人獨有的苦痛。到了十九世紀，那些想法遭到揚棄，但懷舊依然被當成疾病來治療。那個年代的學者和醫師相信懷舊是心理障礙，一種和精神錯亂、強迫症、戀母情結有關的精神失調。[6]

今天，多虧南安普頓大學心理學家康斯坦丁·塞迪基德斯（Constantine Sedikides）和其他人的努力，懷舊已經洗刷汙名。塞迪基德斯稱之為「一種不可或缺、有助於心理平靜的內在資源……心靈支持的寶庫」。

以濃烈的情感想著過去具有強大的力量，因為懷舊能產生兩項使人幸福的根本要素：意義感以及和他人的連結。當我們緬懷過去的時候，我們通常會讓自己在重要事件（例如，婚禮或畢業典禮）裡當主角，這些事件有我們最在意的人參與其中。[7] 研究顯示，懷舊有助於產生正面情緒，保護我們免於焦慮和壓力，以及提升創意。[8] 緬懷能使人比較樂觀，更有同情心，並且減輕倦怠感。[9] 懷舊甚至能加強生理上的舒適和溫暖感受。我們在冷颼颼的日子更有可能產生懷舊感。而且，當受試者產生懷舊感的時候——例如透過音樂或氣味——對低溫的耐受力增強，體感溫度較高。[10]

懷舊和辛酸一樣，「苦樂參半，卻是一種以積極為主、社會為本的情緒」。用過去式思考能提供「一扇看見本我的窗」，一個通往真實自我的入口。[11] 這使得現在具有意義。

相同的原則適用於未來。兩位社會科學家——哈佛大學的丹尼爾·吉伯特（Daniel Gilbert）和維吉尼亞大學的提摩西·威爾森（Timothy Wilson）——主張「所有動物都在經歷時間之旅」，而人類具有優勢。羚羊和蠑螈能預測牠們經歷過的事件會產生什麼後果。但只有人類能透過在心裡模擬做到「事前體驗」，也就是吉伯特和威爾森所說的「預期」（prospection）。[12] 然而，我們對這項能力的掌握，卻遠不及我們相信人類能夠擁有的程度。原因見仁見智，但我們說的語言——確切來說就是我們使用的時態——會產生影響。

目前任職於加州大學洛杉磯分校的經濟學家陳凱斯（M. Keith Chen）是探索語言和經濟行為之間有何關聯的先驅。他先將三十六種語言分成兩大類——未來時態明顯，以及未來時態模糊或沒有未來時態的語言。在華語家庭長大的美國公民陳凱斯，用英文和中文之間的差異來說明這個區別。他說：「如果我要向講英文的同事解釋為什麼今天稍晚不能開會，我不能說『I go to a seminar』（我參加講座）。」在英文裡，陳凱斯必須明確表明未來時態，要說「I will be going to a seminar」（我**將要去**參加講座）或「I have to go to a seminar」（我得參加講座）。可是，陳凱斯說，如果「從另一個角度來看，我在說的是中文，那麼省略標示未來時間的記號對我來說會是一件相當自然的事，我會說『我去聽講座』」。[13] 說未來式明顯的語言，例如英文、義大利文、韓文，講話的人必須明確區分現在和未來。說未來式模糊的語言，例如中文、芬蘭文、愛沙尼亞文，講話的人很少或通常根本不會加以區分。

接著，陳凱斯控制所得、教育、年齡和其他因素，詳細檢查說未來式明顯和未來式模糊的語言，人的行為是否會有所不同。的確如此，而且情形有些令人訝異。陳凱斯發現，說未來式模糊的語言——未清楚標示現在和未來差異的語言——為退休存錢的可能性高百分之三十，抽菸的可能性低百分之二十四。而且，他們的性行為比較安全，比較會定期運動，退休的時候比較健康也比較有錢。就連在像瑞士這樣，有些人說未來式模糊的語言（德文）、有些人說未來式明顯的語言（法文）的國家，也有相同的情形。[14]

陳凱斯的結論不是語言**引發**行為。語言可能只是**反映**比較深層的差異而已。語言是否能實際塑造想法，進而導致行為，在語言學的領域裡依然是個有爭議的問題。[15] 儘管如此，有其他研究顯示，當我們感覺到未來和此時此刻，以及當下的我們，連結比較緊密的時候，我們的規畫比較有效而且行為比較負責。舉例來說，人們不存退休金的其中一個原因是，不知怎麼地，他們認為未來的自己和現在這個自己不是同一個人。但是，讓人看他們自己的照片但把年齡調老，可以增強他們的儲蓄偏好。[16] 有其他研究發現，單單是用比較小的時間單位來思考未來——幾天，而非幾年——就能「讓人覺得比較接近未來的自己，比較不會覺得目前和未來的自己不是真的同一個人」。[17] 未來跟懷舊一樣，層次最高的功能在於，提升現在的重要性。

這就導向現在的自己了。最後兩項研究很有啟發性。在第一項研究中，哈佛大學研究人員要求受試者製作小型的「時間膠囊」（三首他們最近在聽的歌、一則只有自己人才懂的笑話、最近一次參加的社交活動、最近的照片等），或是寫下最近的一段談話。接著，他們要求受試者猜測，幾個月後看到這些紀錄，他們會覺得有多奇怪。檢視時間膠囊的時間到了，人們的奇異感比他們預測的要高得多。他們還發現，受試者記得的內容，意義比自己所預測的要高得多。在許多實驗中，對於將來再次探索當下的經驗，人們都低估了這件事情的價值。

研究人員寫道：「記錄今天的尋常時刻，能讓現在成為具有未來意義的『現在』。」[18]

另外一項研究檢視了敬畏的效果。有兩位學者表示，敬畏出現在「愉快的上游地帶，和恐懼僅一線之隔。是一種鮮少研究的情緒……對宗教、政治、自然和藝術體驗很重要」。[19] 它有兩項重要特質：廣大（某種比我們自身更廣的體驗）以及調和（廣大促使我們調整心理架構）。

梅蘭妮・羅德（Melanie Rudd）、凱瑟琳・沃斯（Kathleen Vohs）和珍妮佛・艾克（Jennifer Aaker）發現，敬畏的經驗——見到大峽谷、孩子出生、壯觀的大雷雨——會改變我們對時間的感受。我們體驗到敬畏的時候，時間會慢下來，感覺時間擴張了。我們覺得自己彷彿有更多時間。而這種感覺提升我們的福祉。「敬畏經驗帶人回到此時此刻，而身處此時此刻構成基礎，使敬畏有能力調整時間感、影響決定，讓人生比沒有敬畏經驗的時候更加令人滿意。」[20]

總的來說，跟許多心靈大師的建議一樣，這些研究都告訴人們，通往有意義和重要的人生的道路並非「活在當下」，而是整合我們對時間的看法，形成一個連貫的整體，幫助我們了解自己以及我們為何身在此處。

在一九三〇年的電影《動物餅乾》（Animal Crackers）中，有一幕相當平淡無奇的場景，格魯喬・馬克思在裡面說了「are」，然後又改成「were」*。他解釋：「我是用假設語氣，不是要說過去式」。然後，過了一下，他又說：「We're way past tents, we're living in bungalows now.」（我們早就不住

---

*譯注：在英文中，「are」可用於第一人稱複數現在式，「were」是「are」的過去式，也可以用來表示假設語氣。

帳篷了，我們現在住小屋子。）

我們也是，離時態太遠了。人類境況的挑戰在於，要讓過去、現在和未來合而為一。

當我動手寫這本書的時候，我知道時機很重要，但也了解時機的高深莫測。這個計畫剛開始的時候，我不知道終點在哪裡。我的目標是寫出貼近真相的東西，明確定義出能夠幫助人們（包括我自己在內）在工作時稍微聰明一些、過得稍微好一點的事實和見解。

寫出來的**成果**——這本書——裡面有許多答案，比問題還多。但是，寫作的**過程**卻相反。寫作是一種探索自我想法和信念的行為。

以前我相信，不必理會一天當中狀態的變化波動。現在我相信，要順著狀態逐波而動。

以前我相信，午休、小睡片刻和散步是微不足道的事情。現在我相信，這些事情有所必要。

以前我相信，要克服工作、上學或家庭當中的糟糕起頭，方法是拋到腦後、繼續前進。現在我相信，比較好的方法是重新開始，或者和別人一起開始。

以前我相信，中間點並不重要——主要是因為我對中間點的存在並不在意。現在我相信，中間點能說明人類行為和世界運作方式的某些基本法則。

以前我相信，要有幸福快樂的結局。現在我相信，結尾的力量不在於皆大歡喜，而是結尾的辛酸和意義。

　　以前我相信，和他人同步只是一種機械化的過程。現在我相信，同步會有歸屬感，能帶來目的感，並展示出我們某一部分的天性。

　　以前我相信，時機就是一切。現在我相信，每件事物都有它的時機。

延伸閱讀

時間和時機始終令人想要一窺究竟，還有其他作者發揮才華和熱情，就這兩個主題進行探討。以下六本書依照書名英文字母的順序列出，幫助你深入了解：

《168小時：你有的時間比你想像的多》（暫譯，無中文版）
168 Hours: You Have More Time Than You Think（2010）
蘿拉·范德康（Laura Vanderkam）著
我們每個人分配到的都一樣：每個星期有一百六十八個小時。范德康透過設立先後次序、排除不重要的事物，把焦點放在真正重要的事情上，針對如何將這些時間做最有效的運用，提出能夠發揮作用的明智建議。

《時間地圖：社會心理學家的時間災難》（暫譯，無中文版）

A Geography of Time: Temporal Misadventures of a Social Psychologist（1997）

羅伯特·萊文（Robert V. Levine）著

為什麼有些文化動作比較快，有些比較慢？為什麼有些按照嚴格的「鐘表時間」行事，有些按照「事件時間」行事？這位行為科學家提供了深妙答案，而且許多答案來自於他的四處遊歷。

《創作者的日常生活》

Daily Rituals: How Artists Work（2013）

梅森·柯瑞（Mason Currey）編輯

世界上最偉大的創作者如何安排他們的時間？這本書以多位深具影響力的創作巨擘為對象，揭露他們的日常習慣，包括阿嘉莎·克莉絲蒂（Agatha Christie）、希薇亞·普拉絲（Sylvia Plath）、達爾文、童妮·摩里森、安迪·沃荷（Andy Warhol），以及另外一百五十六位大師。

《內在時間：時型、社會性時差以及你為什麼很累》（暫譯，無中文版）

Internal Time: Chronotypes, Social Jet Lag, and Why You're So Tired（2012）

提爾·羅內伯格（Till Roenneberg）著

假如你要讀一本介紹時間生物學的書,就讀這一本。這本聰明、精簡的著作——編成二十四章,象徵一天二十四小時——能讓你學到的知識,比任何資訊來源都要豐富。

《生命之舞:時間的另外一面》(暫譯,無中文版)
The Dance of Life: The Other Dimension of Time(1983)
愛德華・霍爾(Edward T. Hall)著
一位美國人類學家,詳細檢視世界各地的文化如何理解時間。書中分析有些略微陳舊,但見解深具影響力,因而此書至今仍是大學課程的主要教科書。

《為何時間不等人》
Why Time Flies: A Mostly Scientific Investigation(2017)
亞倫・柏狄克(Alan Burdick)著
這本精采絕倫、妙趣橫生的科學報導著作,呈現想要了解時間本質所面臨的複雜性、挫折與欣喜。

致謝

如果你在讀致謝——看樣子你正在這麼做——你也許注意到一個現象，這個現象跟蘿拉・卡斯滕森發現社交網絡會隨年齡增長而縮小有異曲同工之妙。在第一本書裡，作者致謝的人脈圈通常大得荒謬（「我三年級的體育老師幫我克服攀爬繩索的恐懼感，身為一名作家，這也許是我學會最重要的一堂課」）。

但後來每出一本書，名單就會縮短一些。致謝縮減到內圈人脈。以下是我的致謝名單：

卡麥隆・弗蘭奇是一位專注、多產的研究人員，任何作家都會想要遇到像他這樣的人。他在Dropbox雲端資料夾內放入數十億位元的研究論文和文獻回顧，讓許多工具和資訊變得更好用，並逐一核對事實和引文。除此之外，他在處理的過程中展現聰明才智、認真盡責和歡快精神，使我深受吸引，將來只想和奧勒岡長大、斯沃斯莫爾學院（Swarthmore College）求學的人合作。薛亞斯・拉格文（Shreyas Raghavan）目前在杜克大學福庫商學院（Fuqua School of Business）攻讀博士學位，這本書裡最棒的幾則範例中，有一些是他找出來的，他經常提出很有挑戰性的反駁論點，並耐心說明超出我駑鈍理解力的統計技巧和量化分析過程。

雷夫・薩葛林（Rafe Sagalyn）是我的文稿經紀人和交往二十年的朋友，他一向是個了不起的人物。這一路以來的每個階段——發想、寫稿、將成果公告周知——都少不了他。

河源出版社（Riverhead Books）的傑克・莫勒希（Jake Morrissey）見識高超、思慮深遠，他將內文讀過好幾遍，每一頁都讀得非常專注。他不斷提出意見和問題——「這不是電視腳本」、「那是正確的字嗎？」、「這裡還可以更深入」——經常很惱人卻總是正確。我也很幸運，身邊能有傑克的明星出版團隊：凱蒂・費里曼（Katie Freeman）、莉迪亞・賀特（Lydia Hirt）、喬夫・克羅斯克（Geoff Kloske）、凱特・史塔克（Kate Stark）。

譚雅・梅伯羅達（Tanya Maiboroda）製作二十張上下的圖表，清楚優雅地呈現出關鍵概念。伊莉莎白・麥考洛（Elizabeth McCullough）總是能在文中挑出大家忽略的錯誤。孟買的拉杰許・帕德馬沙里（Rajesh Padmashali）是傑出的夥伴、打點者和譯者。瓊恩‧奧爾巴克（Jon Auerbach）、馬克‧泰特爾（Marc Tetel）、蕾妮‧朱克波特（Renée Zuckerbrot）是我從大一就認識的朋友，有幾場訪談的主題是他們想出來的。與亞當‧格蘭特、奇普‧希思（Chip Heath）、羅伯特‧薩頓的談話也令我受益良多，他們都提出有智慧的研究建議，其中一位（亞當）說服我放棄糟糕透頂的初步綱要。我要特別感謝法蘭西斯科‧奇里洛（Francesco Cirillo）和已故的阿默‧博瑟（Amar Bose），原因他們明白。

我剛開始寫作的時候，我們的其中一個孩子還非常小，兩個孩子還沒出生。今天，他們三個都是了不起的年輕人，經常願意對沒那麼優秀的父親伸出援手。蘇菲亞‧品克（Sophia Pink）讀了好幾章，以敏銳的洞察力編輯內文。梭爾‧品克（Saul Pink）對籃球有非常高的敏銳度——加上他有用手機做研究的技巧——讓我寫出第四章的體育故事。我完成這本書的時候，伊莉莎‧品克（Eliza Pink）正值高中最後一年，是我學習專心致志的楷模。

中心是他們的母親，潔西卡‧勒納（Jessica Lerner）讀過這本書的每一個字。但還不僅於此，她把這本書的每一個字**大聲念出來**（如果你無法領會這樣有多偉大，翻開引言開始大聲念，看看你能念多少。然後試著念給某個因為你不夠熱情或沒有適當強調而一直打斷你的人聽）。她的聰明頭腦和同理心使這本書變得更好，正如二十五年來使我成為更好的人一樣。無論何時，不管用什麼時態，她在以前、現在和未來，都是我人生的摯愛。

注釋

引言:特納船長的決定

1. Tad Fitch and Michael Poirier, *Into the Danger Zone: Sea Crossings of the First World War* (Stroud, UK: The History Press, 2014), 108.

2. Erik Larson, *Dead Wake: The Last Crossing of the Lusitania* (New York: Broadway Books, 2016), 1.

3. Colin Simpson, "A Great Liner with Too Many Secrets," *Life*, October 13, 1972, 58.

4. Fitch and Poirier, *Into the Danger Zone*, 118; Adolph A. Hoehling and Mary Hoehling, *The Last Voyage of the Lusitania* (Lanham, MD: Madison Books, 1996), 247.

5. Daniel Joseph Boorstin, *The Discoverers: A History of Man's Search to Know His World and Himself* (New York: Vintage, 1985), 1.

第 1 章:日常生活的隱藏模式

1. Kit Smith, "44 Twitter Statistics for 2016," *Brandwatch*, May 17, 2016, 可至 https://www.brandwatch.com/2016/05/44-twitter-stats-2016.

2. Scott A. Golder and Michael W. Macy, "Diurnal and Seasonal Mood Vary with Work, Sleep, and Daylength Across Diverse Cultures," *Science* 333, no. 6051 (2011): 1878–81. 請留意，此研究完成時間早於川普當選總統，以及他的推特貼文成為政治對話的一部分。

3. 關於迪梅倫的發現，較為詳細的描述可參見Till Roenneberg, *Internal Time: Chronotypes, Social Jet Lag, and Why You're So Tired* (Cambridge, MA: Harvard University Press, 2012), 31–35.

4. William J. Cromie, "Human Biological Clock Set Back an Hour," *Harvard University Gazette*, July 15, 1999.

5. Peter Sheridan Dodds et al., "Temporal Patterns of Happiness and Information in a Global Social Network: Hedonometrics and Twitter," *PloS ONE* 6, no. 12 (2011): e26752. 亦參見Riccardo Fusaroli et al., "Timescales of Massive Human Entrainment," *PloS ONE* 10, no. 4 (2015): e0122742.

6. Daniel Kahneman et al., "A Survey Method for Characterizing Daily Life Experience: The Day Reconstruction Method," *Science* 306, no. 5702 (2004): 1776–80.

7. Arthur A. Stone et al., "A Population Approach to the Study of Emotion: Diurnal Rhythms of a Working Day Examined with the Day Reconstruction Method," *Emotion* 6, no. 1 (2006): 139–49.

8. Jing Chen, Baruch Lev, and Elizabeth Demers, "The Dangers of Late-Afternoon Earnings Calls," *Harvard Business Review*, October 2013.

9. 同前注。

10. Jing Chen, Elizabeth Demers, and Baruch Lev, "Oh What a Beautiful Morning! Diurnal Variations in Executives' and Analysts' Behavior: Evidence from Conference Calls." 出處為https://www.darden.virginia.edu.uploadedfiles/darden_web/content/faculty_research/seminars_and_conferences/CDL_March_2016.pdf.

11. 同前注。

12. Amos Tversky and Daniel Kahneman, "Extensional Versus Intuitive Reasoning: The Conjunction Fallacy in Probability Judgment," *Psychological Review* 90, no. 4 (1983): 293–315.

13. Galen V. Bodenhausen, "Stereotypes as Judgmental Heuristics: Evidence of Circadian Variations in Discrimination," *Psychological Science* 1, no. 5 (1990): 319–22.

14. 同前注。

15. Russell G. Foster and Leon Kreitzman, *Rhythms of Life: The Biological Clocks*

That Control the Daily Lives of Every Living Thing (New Haven, CT: Yale University Press, 2005), 11.（中文版《現在幾點鐘？：麻雀、黃金鼠以及所有生物都知道的事》，天下文化，二〇〇五年出版）

16. Carolyn B. Hines, "Time-of-Day Effects on Human Performance," *Journal of Catholic Education* 7, no. 3 (2004): 390–413, 引自Tamsin L. Kelly, *Circadian Rhythms: Importance for Models of Cognitive Performance*, U.S. Naval Health Research Center Report, no. 96-1 (1996): 1–24.

17. Simon Folkard, "Diurnal Variation in Logical Reasoning," *British Journal of Psychology* 66, no. 1 (1975): 1–8; Timothy H. Monk et al., "Circadian Determinants of Subjective Alertness," *Journal of Biological Rhythms* 4, no. 4 (1989): 393–404.

18. Robert L. Matchock and J. Toby Mordkoff, "Chronotype and Time-of-Day Influences on the Alerting, Orienting, and Executive Components of Attention," *Experimental Brain Research* 192, no. 2 (2009): 189–198.

19. Hans Henrik Sievertsen, Francesca Gino, and Marco Piovesan, "Cognitive Fatigue Influences Students' Performance on Standardized Tests," *Proceedings of the National Academy of Sciences* 113, no. 10 (2016): 2621–24.

20. Nolan G. Pope, "How the Time of Day Affects Productivity: Evidence from School Schedules," *Review of Economics and Statistics* 98, no. 1 (2016): 1–11.

21. Mareike B. Wieth and Rose T. Zacks, "Time of Day Effects on Problem Solving: When the Non-optimal Is Optimal," *Thinking & Reasoning* 17, no. 4 (2011): 387–401.

22. Lynn Hasher, Rose T. Zacks, and Cynthia P. May, "Inhibitory Control, Circadian Arousal, and Age," in Daniel Gopher and Asher Koriat, eds., *Attention and Performance XVII: Cognitive Regulation of Performance: Interaction of Theory and Application* (Cambridge, MA: MIT Press, 1999), 653–75.

23. Cindi May, "The Inspiration Paradox: Your Best Creative Time Is Not When You Think," *Scientific American*, March 6, 2012.

24. Mareike B. Wieth and Rose T. Zacks, "Time of Day Effects on Problem Solving: When the Non-optimal Is Optimal," *Thinking & Reasoning* 17, no. 4 (2011): 387–401.

25. Inez Nellie Canfield McFee, *The Story of Thomas A. Edison* (New York: Barse & Hopkins, 1922).

26. Till Roenneberg et al., "Epidemiology of the Human Circadian Clock," *Sleep Medicine Reviews* 11, no. 6 (2007): 429–38.

27. Ana Adan et al., "Circadian Typology: A Comprehensive Review," *Chronobiology International* 29, no. 9 (2012): 1153–75; Franzis Preckel et al., "Chronotype, Cognitive Abilities, and Academic Achievement: A Meta-Analytic Investigation," *Learning and Individual Differences* 21, no. 5 (2011): 483–92; Till Roenneberg, Anna Wirz-Justice, and Martha Merrow, "Life Between Clocks: Daily Temporal Patterns of Human Chronotypes," *Journal of Biological Rhythms* 18, no. 1 (2003): 80–90; Iwona Chelminski et al., "Horne and Ostberg Questionnaire: A Score Distribution in a Large Sample of Young Adults," *Personality and Individual Differences* 23, no. 4 (1997): 647–52; G. M. Cavallera and S. Giudici, "Morningness and Eveningness Personality: A Survey in Literature from 1995 up till 2006." *Personality and Individual Differences* 44, no. 1 (2008): 3–21.

28. Renuka Rayasam, "Why Sleeping In Could Make You a Better Worker," *BBC Capital*, February 25, 2016.

29. Markku Koskenvuo et al., "Heritability of Diurnal Type: A Nationwide Study of 8753 Adult Twin Pairs," *Journal of Sleep Research* 16, no. 2 (2007): 156–62; Yoon-Mi Hur, Thomas J. Bouchard, Jr., and David T. Lykken, "Genetic and Environmental Influence on Morningness-Eveningness," *Personality and Individual Differences* 25, no. 5 (1998): 917–25.

30. 有個可能的解釋：在光線較少的季節出生的人，為了善用有限的陽光，所以在比較早的時段達到一日高峰。Vincenzo Natale and Ana Adan, "Season of Birth Modulates Morning-Eveningness Preference in Humans," *Neuroscience Letters* 274, no. 2 (1999): 139–41; Hervé Caci et al., "Transcultural Properties of the Composite Scale of Morningness: The Relevance of the 'Morning Affect' Factor," *Chronobiology International* 22, no. 3 (2005): 523–40.

31. Till Roenneberg et al., "A Marker for the End of Adolescence," *Current Biology* 14, no. 24 (2004): R1038–39.

32. Till Roenneberg et al., "Epidemiology of the Human Circadian Clock," *Sleep Medicine Reviews* 11, no. 6 (2007): 429–38; 亦參見Ana Adan et al., "Circadian Typology: A Comprehensive Review," *Chronobiology International* 29, no. 9 (2012): 1153–75.

33. Ana Adan et al., "Circadian Typology: A Comprehensive Review," *Chronobiology International* 29, no. 9 (2012): 1153–75. 亦參見Ryan J. Walker et al., "Age, the Big Five, and Time-of-Day Preference: A Mediational Model," *Personality and Individual Differences* 56 (2014): 170–74; Christoph Randler, "Proactive People Are Morning People," *Journal of Applied Social Psychology* 39, no. 12 (2009): 2787–97; Hervé Caci, Philippe Robert, and Patrice Boyer, "Novelty Seekers and Impulsive Subjects Are Low in Morningness," *European*

Psychiatry 19, no. 2 (2004): 79–84; Maciej Stolarski, Maria Ledzińska, and Gerald Matthews, "Morning Is Tomorrow, Evening Is Today: Relationships Between Chronotype and Time Perspective," *Biological Rhythm Research* 44, no. 2 (2013): 181–96.

34. Renée K. Biss and Lynn Hasher, "Happy as a Lark: Morning-Type Younger and Older Adults Are Higher in Positive Affect," *Emotion* 12, no. 3 (2012): 437–41.

35. Ryan J. Walker et al., "Age, the Big Five, and Time-of-Day Preference: A Mediational Model," *Personality and Individual Differences* 56 (2014): 170–74; Christoph Randler, "Morningness-Eveningness, Sleep-Wake Variables and Big Five Personality Factors," *Personality and Individual Differences* 45, no. 2 (2008): 191–96.

36. Ana Adan, "Chronotype and Personality Factors in the Daily Consumption of Alcohol and Psychostimulants," *Addiction* 89, no. 4 (1994): 455–62.

37. Ji Hee Yu et al., "Evening Chronotype Is Associated with Metabolic Disorders and Body Composition in Middle-Aged Adults," *Journal of Clinical Endocrinology & Metabolism* 100, no. 4 (2015): 1494–1502; Seog Ju Kim et al., "Age as a Moderator of the Association Between Depressive Symptoms and Morningness-Eveningness," *Journal of Psychosomatic Research* 68, no. 2 (2010): 159–164; Iwona Chelminski et al., "Horne and Ostberg Questionnaire: A Score Distribution in a Large Sample of Young Adults," *Personality and Individual Differences* 23, no. 4 (1997): 647–52; Michael D. Drennan et al., "The Effects of Depression and Age on the Horne-Ostberg Morningness-Eveningness Score," *Journal of Affective Disorders* 23, no. 2 (1991): 93–98; Christoph Randler et al., "Eveningness Is Related to Men's Mating Success," *Personality and Individual Differences* 53, no. 3 (2012): 263–67; J. Kasof, "Eveningness and Bulimic Behavior," *Personality and Individual Differences* 31, no. 3 (2001): 361–69.

38. Kai Chi Yam, Ryan Fehr, and Christopher M. Barnes, "Morning Employees Are Perceived as Better Employees: Employees' Start Times Influence Supervisor Performance Ratings," *Journal of Applied Psychology* 99, no. 6 (2014): 1288–99.

39. Catharine Gale and Christopher Martyn, "Larks and Owls and Health, Wealth, and Wisdom," *British Medical Journal* 317, no. 7174 (1998): 1675–77.

40. Richard D. Roberts and Patrick C. Kyllonen, "Morning-Eveningness and Intelligence: Early to Bed, Early to Rise Will Make You Anything but Wise!," *Personality and Individual Differences* 27 (1999): 1123–33; Davide Piffer et al., "Morning-Eveningness and Intelligence Among High-Achieving US Students: Night Owls Have Higher GMAT Scores than Early Morning Types in a Top-

Ranked MBA Program," *Intelligence* 47 (2014): 107–12.

41. Christoph Randler, "Evening Types Among German University Students Score Higher on Sense of Humor After Controlling for Big Five Personality Factors," *Psychological Reports* 103, no. 2 (2008): 361–70.

42. Galen V. Bodenhausen, "Stereotypes as Judgmental Heuristics: Evidence of Circadian Variations in Discrimination," *Psychological Science* 1, no. 5 (1990): 319–22.

43. Mareike B. Wieth and Rose T. Zacks, "Time-of-Day Effects on Problem Solving: When the Non-optimal is Optimal," *Thinking & Reasoning* 17, no. 4 (2011): 387–401.

44. Cynthia P. May and Lynn Hasher, "Synchrony Effects in Inhibitory Control over Thought and Action," *Journal of Experimental Psychology: Human Perception and Performance* 24, no. 2 (1998): 363–79; Ana Adan et al., "Circadian Typology: A Comprehensive Review," *Chronobiology International* 29, no. 9 (2012): 1153–75.

45. Ángel Correa, Enrique Molina, and Daniel Sanabria, "Effects of Chronotype and Time of Day on the Vigilance Decrement During Simulated Driving," *Accident Analysis & Prevention* 67 (2014): 113–18.

46. John A. E. Anderson et al., "Timing Is Everything: Age Differences in the Cognitive Control Network Are Modulated by Time of Day," *Psychology and Aging* 29, no. 3 (2014): 648–58.

47. Brian C. Gunia, Christopher M. Barnes, and Sunita Sah, "The Morality of Larks and Owls: Unethical Behavior Depends on Chronotype as Well as Time of Day," *Psychological Science* 25, no. 12 (2014): 2272–74; Maryam Kouchaki and Isaac H. Smith, "The Morning Morality Effect; The Influence of Time of Day on Unethical Behavior," *Psychological Science* 25, no. 1 (2013): 95–102.

48. Mason Currey, ed., *Daily Rituals: How Artists Work* (New York: Knopf, 2013), 62–63. (中文版《創作者的日常生活》，聯經，二〇一四年出版)

49. 同前注，29–32, 62–63.

50. Céline Vetter et al., "Aligning Work and Circadian Time in Shift Workers Improves Sleep and Reduces Circadian Disruption," *Current Biology* 25, no. 7 (2015): 907–11.

第1章：時間駭客指南

1. Karen Van Proeyen et al., "Training in the Fasted State Improves Glucose Tolerance During Fat-Rich Diet," *Journal of Physiology* 588, no. 21 (2010):

4289–302.

2. Michael R. Deschenes et al., "Chronobiological Effects on Exercise: Performance and Selected Physiological Responses," *European Journal of Applied Physiology and Occupational Physiology* 77, no. 3 (1998): 249–560.

3. Elise Facer-Childs and Roland Brandstaetter, "The Impact of Circadian Phenotype and Time Since Awakening on Diurnal Performance in Athletes," *Current Biology* 25, no. 4 (2015): 518–22.

4. Boris I. Medarov, Valentin A. Pavlov, and Leonard Rossoff, "Diurnal Variations in Human Pulmonary Function," *International Journal of Clinical Experimental Medicine* 1, no. 3 (2008): 267–73.

5. Barry Drust et al., "Circadian Rhythms in Sports Performance: An Update," *Chronobiology International* 22, no. 1 (2005), 21–44; Joao Paulo P. Rosa et al., "2016 Rio Olympic Games: Can the Schedule of Events Compromise Athletes' Performance?" *Chronobiology International* 33, no. 4 (2016): 435–40.

6. American Council on Exercise, "The Best Time to Exercise," *Fit Facts* (2013), 可至https://www.acefitness.org/fitfacts/pdfs/fitfacts/itemid_2625.pdf.

7. Miguel Debono et al., "Modified-Release Hydrocortisone to Provide Circadian Cortisol Profiles," *Journal of Clinical Endocrinology & Metabolism* 94, no. 5 (2009): 1548–54.

8. Alicia E. Meuret et al., "Timing Matters: Endogenous Cortisol Mediates Benefits from Early-Day Psychotherapy," *Psychoneuroendocrinology* 74 (2016): 197–202.

第2章：下午與咖啡匙

1. Melanie Clay Wright et al., "Time of Day Effects on the Incidence of Anesthetic Adverse Events," *Quality and Safety in Health Care* 15, no. 4 (2006): 258–63. 本段最後一句引言出自此篇論文第一作者，刊登於"Time of Surgery Influences Rate of Adverse Health Events Due to Anesthesia," *Duke News*, August 3, 2006.

2. Alexander Lee et al., "Queue Position in the Endoscopic Schedule Impacts Effectiveness of Colonoscopy," *American Journal of Gastroenterology* 106, no. 8 (2011): 1457–65.

3. 有一項研究發現性別差異，結論為「在下午進行的結腸鏡檢查，息肉和腺瘤檢出率較低……〔但〕下午的結腸鏡檢查腺瘤檢出率較低，似乎主要適用於女性患者」。Shailendra Singh et al., "Differences Between Morning and Afternoon Colonoscopies for Adenoma Detection in Female and

Male Patients," *Annals of Gastroenterology* 29, no. 4 (2016): 497–501. 其他幾項研究對每日時段的影響比較謹慎，例如可參見Jerome D. Waye, "Should All Colonoscopies Be Performed in the Morning?" *Nature Reviews: Gastroenterology & Hepatology* 4, no. 7 (2007): 366–67.

4. Madhusudhan R. Sanaka et al., "Afternoon Colonoscopies Have Higher Failure Rates Than Morning Colonoscopies," *American Journal of Gastroenterology* 101, no. 12 (2006): 2726–30; Jerome D. Waye, "Should All Colonoscopies Be Performed in the Morning?" *Nature Reviews: Gastroenterology & Hepatology* 4, no. 7 (2007): 366–67.

5. Jeffrey A. Linder et al., "Time of Day and the Decision to Prescribe Antibiotics," *JAMA Internal Medicine* 174, no. 12 (2014): 2029–31.

6. Hengchen Dai et al., "The Impact of Time at Work and Time Off from Work on Rule Compliance: The Case of Hand Hygiene in Health Care," *Journal of Applied Psychology* 100, no. 3 (2015): 846–62. 百分之三十八的數據表示「十二小時值班過程中合規的配適機率，或一般照護人員在十二小時值班過程中，合規率下降八‧七個百分點」。

7. 同前注。

8. Jim Horne and Louise Reyner, "Vehicle Accidents Related to Sleep: A Review," *Occupational and Environmental Medicine* 56, no. 5 (1999): 289–94.

9. Justin Caba, "Least Productive Time of the Day Officially Determined to Be 2:55 PM: What You Can Do to Stay Awake?" *Medical Daily*, June 4, 2013, 可至 http://www.medicaldaily.com/least-productive-time-day-officially-determined-be-255-pm-what-you-can-do-stay-awake-246495.

10. Maryam Kouchaki and Isaac H. Smith, "The Morning Morality Effect: The Influence of Time of Day on Unethical Behavior," *Psychological Science* 25, no. 1 (2014): 95–102; Maryam Kouchaki, "In the Afternoon, the Moral Slope Gets Slipperier," *Harvard Business Review*, May 2014.

11. Julia Neily et al., "Association Between Implementation of a Medical Team Training Program and Surgical Mortality," *JAMA* 304, no. 15 (2010): 1693–1700.

12. Hans Henrik Sievertsen, Francesca Gino, and Marco Piovesan, "Cognitive Fatigue Influences Students' Performance on Standardized Tests," *Proceedings of the National Academy of Sciences* 113, no. 10 (2016): 2621–24.

13. Francesca Gino, "Don't Make Important Decisions Late in the Day," *Harvard Business Review*, February 23, 2016.

14. Hans Henrik Sievertsen, Francesca Gino, and Marco Piovesan, "Cognitive Fatigue Influences Students' Performance on Standardized Tests," *Proceedings*

of the National Academy of Sciences 113, no. 10 (2016): 2621–24.

15. Kyoungmin Cho, Christopher M. Barnes, and Cristiano L. Guanara, "Sleepy Punishers Are Harsh Punishers: Daylight Saving Time and Legal Sentences," *Psychological Science* 28, no. 2 (2017): 242–47.

16. Shai Danziger, Jonathan Levav, and Liora Avnaim-Pesso, "Extraneous Factors in Judicial Decisions," *Proceedings of the National Academy of Sciences* 108, no. 17 (2011): 6889–92.

17. Atsunori Ariga and Alejandro Lleras, "Brief and Rare Mental 'Breaks' Keep You Focused: Deactivation and Reactivation of Task Goals Preempt Vigilance Decrements," *Cognition* 118, no. 3 (2011): 439–43.

18. Emily M. Hunter and Cindy Wu, "Give Me a Better Break: Choosing Workday Break Activities to Maximize Resource Recovery," *Journal of Applied Psychology* 101, no. 2 (2016): 302–11.

19. Hannes Zacher, Holly A. Brailsford, and Stacey L. Parker, "Micro-Breaks Matter: A Diary Study on the Effects of Energy Management Strategies on Occupational Well-Being," *Journal of Vocational Behavior* 85, no. 3 (2014): 287–97.

20. Audrey Bergouignan et al., "Effect of Frequent Interruptions of Prolonged Sitting on Self-Perceived Levels of Energy, Mood, Food Cravings and Cognitive Function," *International Journal of Behavioral Nutrition and Physical Activity* 13, no. 1 (2016): 13–24.

21. Li-Ling Wu et al., "Effects of an 8-Week Outdoor Brisk Walking Program on Fatigue in Hi-Tech Industry Employees: A Randomized Control Trial," *Workplace Health & Safety* 63, no. 10 (2015): 436–45; Marily Oppezzo and Daniel L. Schwartz, "Give Your Ideas Some Legs: The Positive Effect of Walking on Creative Thinking," *Journal of Experimental Psychology: Learning, Memory, and Cognition* 40, no. 4 (2014): 1142–52.

22. Johannes Wendsche et al., "Rest Break Organization in Geriatric Care and Turnover: A Multimethod Cross-Sectional Study," *International Journal of Nursing Studies* 51, no. 9 (2014): 1246–57.

23. Sooyeol Kim, Young Ah Park, and Qikun Niu, "Micro-Break Activities at Work to Recover from Daily Work Demands," *Journal of Organizational Behavior* 38, no. 1 (2016): 28–41.

24. Kristen M. Finkbeiner, Paul N. Russell, and William S. Helton, "Rest Improves Performance, Nature Improves Happiness: Assessment of Break Periods on the Abbreviated Vigilance Task," *Consciousness and Cognition* 42 (2016): 277–85.

25. Jo Barton and Jules Pretty, "What Is the Best Dose of Nature and Green Exercise

for Improving Mental Health? A Multi-Study Analysis," *Environmental Science & Technology* 44, no. 10 (2010): 3947–55.

26. Elizabeth K. Nisbet and John M. Zelenski, "Underestimating Nearby Nature: Affective Forecasting Errors Obscure the Happy Path to Sustainability," *Psychological Science* 22, no. 9 (2011): 1101–6; Kristen M. Finkbeiner, Paul N. Russell, and William S. Helton, "Rest Improves Performance, Nature Improves Happiness: Assessment of Break Periods on the Abbreviated Vigilance Task," *Consciousness and Cognition* 42 (2016), 277–85.

27. Sooyeol Kim, Young Ah Park, and Qikun Niu, "Micro-Break Activities at Work to Recover from Daily Work Demands," *Journal of Organizational Behavior* 38, no. 1 (2016): 28–41.

28. Hongjai Rhee and Sudong Kim, "Effects of Breaks on Regaining Vitality at Work: An Empirical Comparison of 'Conventional' and 'Smartphone' Breaks," *Computers in Human Behavior* 57 (2016): 160–67.

29. Marjaana Sianoja et al., "Recovery During Lunch Breaks: Testing Long-Term Relations with Energy Levels at Work," *Scandinavian Journal of Work and Organizational Psychology* 1, no. 1 (2016): 1–12.

30. 例如可參見Megan A. McCrory, "Meal Skipping and Variables Related to Energy Balance in Adults: A Brief Review, with Emphasis on the Breakfast Meal," *Physiology & Behavior* 134 (2014): 51–54; and Hania Szajewska and Marek Ruszczyński, "Systematic Review Demonstrating That Breakfast Consumption Influences Body Weight Outcomes in Children and Adolescents in Europe," *Critical Reviews in Food Science and Nutrition* 50, no. 2 (2010): 113–19, 作者群在文中警告「詮釋結果要非常小心，因為沒有充分提供審查過程，而且缺乏引用研究的品質資訊」。

31. Emily J. Dhurandhar et al., "The Effectiveness of Breakfast Recommendations on Weight Loss: A Randomized Controlled Trial," *American Journal of Clinical Nutrition* 100, no. 2 (2014): 507–13.

32. Andrew W. Brown, Michelle M. Bohan Brown, and David B. Allison, "Belief Beyond the Evidence: Using the Proposed Effect of Breakfast on Obesity to Show 2 Practices That Distort Scientific Evidence," *American Journal of Clinical Nutrition* 98, no. 5 (2013): 1298–1308; David A. Levitsky and Carly R. Pacanowski, "Effect of Skipping Breakfast on Subsequent Energy Intake," *Physiology & Behavior* 119 (2013): 9–16.

33. Enhad Chowdhury and James Betts, "Should I Eat Breakfast? Health Experts on Whether It Really Is the Most Important Meal of the Day," *Independent,* February 15, 2016. 亦參見Dara Mohammadi, "Is Breakfast Really the Most

Important Meal of the Day?" *New Scientist*, March 22, 2016.

34. 例如可參見http://saddesklunch.com，本段原始資料數據可能約百分之六十二。

35. Marjaana Sianoja et al., "Recovery During Lunch Breaks: Testing Long-Term Relations with Energy Levels at Work," *Scandinavian Journal of Work and Organizational Psychology* 1, no. 1 (2016): 1–12.

36. Kevin M. Kniffin et al., "Eating Together at the Firehouse: How Workplace Commensality Relates to the Performance of Firefighters," *Human Performance* 28, no. 4 (2015): 281–306.

37. John P. Trougakos et al., "Lunch Breaks Unpacked: The Role of Autonomy as a Moderator of Recovery During Lunch," *Academy of Management Journal* 57, no. 2 (2014): 405–21.

38. Marjaana Sianoja et al., "Recovery During Lunch Breaks: Testing Long-Term Relations with Energy Levels at Work," *Scandinavian Journal of Work and Organizational Psychology* 1, no. 1 (2016): 1–12. 亦參見Hongjai Rhee and Sudong Kim, "Effects of Breaks on Regaining Vitality at Work: An Empirical Comparison of 'Conventional' and 'Smartphone' Breaks," *Computers in Human Behavior* 57 (2016): 160–67.

39. Wallace Immen, "In This Office, Desks Are for Working, Not Eating Lunch," *Globe and Mail*, February 27, 2017.

40. Mark R. Rosekind et al., "Crew Factors in Flight Operations 9: Effects of Planned Cockpit Rest on Crew Performance and Alertness in Long-Haul Operations," *NASA Technical Reports Server*, 1994, 可至https://ntrs.nasa.gov/search.jsp?R=19950006379.

41. Tracey Leigh Signal et al., "Scheduled Napping as a Countermeasure to Sleepiness in Air Traffic Controllers," *Journal of Sleep Research* 18, no. 1 (2009): 11–19.

42. Sergio Garbarino et al., "Professional Shift-Work Drivers Who Adopt Prophylactic Naps Can Reduce the Risk of Car Accidents During Night Work," *Sleep* 27, no. 7 (2004): 1295–1302.

43. Felipe Beijamini et al., "After Being Challenged by a Video Game Problem, Sleep Increases the Chance to Solve It," *PloS ONE* 9, no. 1 (2014): e84342.

44. Bryce A. Mander et al., "Wake Deterioration and Sleep Restoration of Human Learning," *Current Biology* 21, no. 5 (2011): R183–84; Felipe Beijamini et al., "After Being Challenged by a Video Game Problem, Sleep Increases the Chance to Solve It," *PloS ONE* 9, no. 1 (2014): e84342.

45. Nicole Lovato and Leon Lack, "The Effects of Napping on Cognitive Functioning," *Progress in Brain Research* 185 (2010): 155–66; Sara Studte, Emma Bridger, and Axel Mecklinger, "Nap Sleep Preserves Associative but Not Item Memory Performance," *Neurobiology of Learning and Memory* 120 (2015): 84–93.

46. Catherine E. Milner and Kimberly A. Cote, "Benefits of Napping in Healthy Adults: Impact of Nap Length, Time of Day, Age, and Experience with Napping," *Journal of Sleep Research* 18, no. 2 (2009): 272–81; Scott S. Campbell et al., "Effects of a Month-Long Napping Regimen in Older Individuals," *Journal of the American Geriatrics Society* 59, no. 2 (2011): 224–32; Junxin Li et al., "Afternoon Napping and Cognition in Chinese Older Adults: Findings from the China Health and Retirement Longitudinal Study Baseline Assessment," *Journal of the American Geriatrics Society* 65, no. 2 (2016): 373–80.

47. Catherine E. Milner and Kimberly A. Cote, "Benefits of Napping in Healthy Adults: Impact of Nap Length, Time of Day, Age, and Experience with Napping," *Journal of Sleep Research* 18, no. 2 (2009): 272–81.

48. 與亮光結合時尤其如此，參見Kosuke Kaida, Yuji Takeda, and Kazuyo Tsuzuki, "The Relationship Between Flow, Sleepiness and Cognitive Performance: The Effects of Short Afternoon Nap and Bright Light Exposure," *Industrial Health* 50, no. 3 (2012): 189–96.

49. Nicholas Bakalar, "Regular Midday Snoozes Tied to a Healthier Heart," *New York Times*, February 13, 2007, reporting on Androniki Naska et al., "Siesta in Healthy Adults and Coronary Mortality in the General Population," *Archives of Internal Medicine* 167, no. 3 (2007): 296–301. 警示：此研究顯示午覺與降低心臟疾病風險具相關性，午覺帶來健康效益並非必然。

50. Brice Faraut et al., "Napping Reverses the Salivary Interleukin-6 and Urinary Norepinephrine Changes Induced by Sleep Restriction," *Journal of Clinical Endocrinology & Metabolism* 100, no. 3 (2015): E416–26.

51. Mohammad Zaregarizi et al., "Acute Changes in Cardiovascular Function During the Onset Period of Daytime Sleep: Comparison to Lying Awake and Standing," *Journal of Applied Physiology* 103, no. 4 (2007): 1332–38.

52. Amber Brooks and Leon C. Lack, "A Brief Afternoon Nap Following Nocturnal Sleep Restriction: Which Nap Duration Is Most Recuperative?" *Sleep* 29, no. 6 (2006): 831–40.

53. Amber J. Tietzel and Leon C. Lack, "The Recuperative Value of Brief and Ultra-Brief Naps on Alertness and Cognitive Performance," *Journal of Sleep*

Research 11, no. 3 (2002): 213–18.

54. Catherine E. Milner and Kimberly A. Cote, "Benefits of Napping in Healthy Adults: Impact of Nap Length, Time of Day, Age, and Experience with Napping," *Journal of Sleep Research* 18, no. 2 (2009): 272–81.

55. Luise A. Reyner and James A. Horne, "Suppression of Sleepiness in Drivers: Combination of Caffeine with a Short Nap," *Psychophysiology* 34, no. 6 (1997): 721–25.

56. Mitsuo Hayashi, Akiko Masuda, and Tadao Hori, "The Alerting Effects of Caffeine, Bright Light and Face Washing After a Short Daytime Nap," *Clinical Neurophysiology* 114, no. 12 (2003): 2268–78.

57. Renwick McLean, "For Many in Spain, Siesta Ends," *New York Times*, January 1, 2006; Jim Yardley, "Spain, Land of 10 P.M. Dinners, Asks If It's Time to Reset Clock," *New York Times*, February 17, 2014; Margarita Mayo, "Don't Call It the 'End of the Siesta': What Spain's New Work Hours Really Mean," *Harvard Business Review*, April 13, 2016.

58. Ahmed S. BaHammam, "Sleep from an Islamic Perspective," *Annals of Thoracic Medicine* 6, no. 4 (2011): 187–92.

59. Dan Bilefsky and Christina Anderson, "A Paid Hour a Week for Sex? Swedish Town Considers It," *New York Times*, February 23, 2017.

第2章：時間駭客指南

1. Mayo Clinic staff, "Napping: Do's and Don'ts for Healthy Adults," 可至 https://www.mayoclinic.org/healthy-lifestyle/adult-health/in-depth/napping/art-20048319.

2. Hannes Zacher, Holly A. Brailsford, and Stacey L. Parker, "Micro-Breaks Matter: A Diary Study on the Effects of Energy Management Strategies on Occupational Well-Being," *Journal of Vocational Behavior* 85, no. 3 (2014): 287–97.

3. Daniel Z. Levin, Jorge Walter, and J. Keith Murnighan, "The Power of Reconnection: How Dormant Ties Can Surprise You," *MIT Sloan Management Review* 52, no. 3 (2011): 45–50.

4. Christopher Peterson et al., "Strengths of Character, Orientations to Happiness, and Life Satisfaction," *Journal of Positive Psychology* 2, no. 3 (2007): 149–56.

5. 參見Anna Brones and Johanna Kindvall, *Fika: The Art of the Swedish Coffee Break* (Berkeley, CA: Ten Speed Press, 2015); Anne Quito, "This Four-Letter Word Is the Swedish Key to Happiness at Work," *Quartz*, March 14, 2016. （中

文版《必咖 fika：享受瑞典式慢時光》，本事，二〇一六年出版）

6. Charlotte Fritz, Chak Fu Lam, and Gretchen M. Spreitzer, "It's the Little Things That Matter: An Examination of Knowledge Workers' Energy Management," *Academy of Management Perspectives* 25, no. 3 (2011): 28–39.

7. Lesley Alderman, "Breathe. Exhale. Repeat: The Benefits of Controlled Breathing," *New York Times*, November 9, 2016.

8. Kristen M. Finkbeiner, Paul N. Russell, and William S. Helton, "Rest Improves Performance, Nature Improves Happiness: Assessment of Break Periods on the Abbreviated Vigilance Task," *Consciousness and Cognition* 42 (2016): 277–85.

9. Angela Duckworth, *Grit: The Power of Passion and Perseverance* (New York: Scribner, 2016), 118.（中文版《恆毅力：人生成功的究極能力》，天下雜誌，二〇一六年出版）

10. Stephanie Pappas, "As Schools Cut Recess, Kids' Learning Will Suffer, Experts Say," *Live Science* (2011). 可至https://www.livescience.com/15555-schools-cut-recess-learning-suffers.html.

11. Claude Brodesser-Akner, "Christie: 'Stupid' Mandatory Recess Bill Deserved My Veto," NJ.com, January 20, 2016, 可至http://www.nj.com/politics/index.ssf/2016/01/christie_stupid_law_assuring_kids_recess_deserved.html.

12. Olga S. Jarrett et al., "Impact of Recess on Classroom Behavior: Group Effects and Individual Differences," *Journal of Educational Research* 92, no. 2 (1998): 121–26.

13. Catherine N. Rasberry et al., "The Association Between School-Based Physical Activity, Including Physical Education, and Academic Performance: A Systematic Review of the Literature," *Preventive Medicine* 52 (2011): S10–20.

14. Romina M. Barros, Ellen J. Silver, and Ruth E. K. Stein, "School Recess and Group Classroom Behavior," *Pediatrics* 123, no. 2 (2009): 431–36; Anthony D. Pellegrini and Catherine M. Bohn, "The Role of Recess in Children's Cognitive Performance and School Adjustment," *Educational Researcher* 34, no. 1 (2005): 13–19.

15. Sophia Alvarez Boyd, "Not All Fun and Games: New Guidelines Urge Schools to Rethink Recess," National Public Radio, February 1, 2017.

16. Timothy D. Walker, "How Kids Learn Better by Taking Frequent Breaks Throughout the Day," *KQED News Mind Shift*, April 18, 2017; Christopher Connelly, "More Playtime! How Kids Succeed with Recess Four Times a Day at School," *KQED News*, January 4, 2016.

第 3 章：開始

1. Anne G. Wheaton, Gabrielle A. Ferro, and Janet B. Croft, "School Start Times for Middle School and High School Students—United States, 2011–12 School Year," *Morbidity and Mortality Weekly Report* 64, no. 3 (August 7, 2015): 809–13.

2. Karen Weintraub, "Young and Sleep Deprived," *Monitor on Psychology* 47, no. 2 (2016): 46, 引自Katherine M. Keyes et al., "The Great Sleep Recession: Changes in Sleep Duration Among US Adolescents, 1991–2012," *Pediatrics* 135, no. 3 (2015): 460–68.

3. Finley Edwards, "Early to Rise? The Effect of Daily Start Times on Academic Performance," *Economics of Education Review* 31, no. 6 (2012): 970–83.

4. Reut Gruber et al., "Sleep Efficiency (But Not Sleep Duration) of Healthy School-Age Children Is Associated with Grades in Math and Languages," *Sleep Medicine* 15, no. 12 (2014): 1517–25.

5. Adolescent Sleep Working Group, "School Start Times for Adolescents," *Pediatrics* 134, no. 3 (2014): 642–49.

6. Kyla Wahlstrom et al., "Examining the Impact of Later High School Start Times on the Health and Academic Performance of High School Students: A Multi-Site Study," Center for Applied Research and Educational Improvement (2014). 亦參見Robert Daniel Vorona et al., "Dissimilar Teen Crash Rates in Two Neighboring Southeastern Virginia Cities with Different High School Start Times," *Journal of Clinical Sleep Medicine* 7, no. 2 (2011): 145–51.

7. Pamela Malaspina McKeever and Linda Clark, "Delayed High School Start Times Later than 8:30 AM and Impact on Graduation Rates and Attendance Rates," *Sleep Health* 3, no. 2 (2017): 119–25; Carolyn Crist, "Later School Start Times Catch on Nationwide," *District Administrator*, March 28, 2017.

8. Anne G. Wheaton, Daniel P. Chapman, and Janet B. Croft, "School Start Times, Sleep, Behavioral, Health, and Academic Outcomes: A Review of the Literature," *Journal of School Health* 86, no. 5 (2016): 363–81.

9. Judith A. Owens, Katherine Belon, and Patricia Moss, "Impact of Delaying School Start Time on Adolescent Sleep, Mood, and Behavior," *Archives of Pediatrics & Adolescent Medicine* 164, no. 7 (2010): 608–14; Nadine Perkinson-Gloor, Sakari Lemola, and Alexander Grob, "Sleep Duration, Positive Attitude Toward Life, and Academic Achievement: The Role of Daytime Tiredness, Behavioral Persistence, and School Start Times," *Journal of Adolescence* 36, no. 2 (2013): 311–18; Timothy I. Morgenthaler et al., "High School Start Times and the Impact on High School Students: What We Know, and What We Hope

to Learn," *Journal of Clinical Sleep Medicine* 12, no. 12 (2016): 168–89; Julie Boergers, Christopher J. Gable, and Judith A. Owens, "Later School Start Time Is Associated with Improved Sleep and Daytime Functioning in Adolescents," *Journal of Developmental & Behavioral Pediatrics* 35, no. 1 (2014): 11–17; Kyla Wahlstrom, "Changing Times: Findings from the First Longitudinal Study of Later High School Start Times," *NASSP Bulletin* 86, no. 633 (2002): 3–21; Dubi Lufi, Orna Tzischinsky, and Stav Hadar, "Delaying School Starting Time by One Hour: Some Effects on Attention Levels in Adolescents," *Journal of Clinical Sleep Medicine* 7, no. 2 (2011): 137–43.

10. Scott E. Carrell, Teny Maghakian, and James E. West, "A's from Zzzz's? The Causal Effect of School Start Time on the Academic Achievement of Adolescents," *American Economic Journal: Economic Policy* 3, no. 3 (2011): 62–81.

11. M.D.R. Evans, Paul Kelley, and Johnathan Kelley, "Identifying the Best Times for Cognitive Functioning Using New Methods: Matching University Times to Undergraduate Chronotypes," *Frontiers in Human Neuroscience* 11 (2017): 188.

12. Finley Edwards, "Early to Rise? The Effect of Daily Start Times on Academic Performance," *Economics of Education Review* 31, no. 6 (2012): 970–83.

13. Brian A. Jacob and Jonah E. Rockoff, "Organizing Schools to Improve Student Achievement: Start Times, Grade Configurations, and Teacher Assignments," *Education Digest* 77, no. 8 (2012): 28–34.

14. Anne G. Wheaton, Gabrielle A. Ferro, and Janet B. Croft, "School Start Times for Middle School and High School Students—United States, 2011–12 School Year," *Morbidity and Mortality Weekly Report* 64, no. 30 (August 7, 2015): 809–13; Karen Weintraub, "Young and Sleep Deprived," *Monitor on Psychology* 47, no. 2 (2016): 46.

15. 此詞最初來自Michael S. Shum, "The Role of Temporal Landmarks in Autobiographical Memory Processes," *Psychological Bulletin* 124, no. 3 (1998): 423. Shum於西北大學獲得心理學博士學位，爾後離開行為科學，取得第二個博士學位——英語博士學位——目前為一名小說家。

16. Hengchen Dai, Katherine L. Milkman, and Jason Riis, "The Fresh Start Effect: Temporal Landmarks Motivate Aspirational Behavior," *Management Science* 60, no. 10 (2014): 2563–82.

17. 同前注。

18. Johanna Peetz and Anne E. Wilson, "Marking Time: Selective Use of Temporal Landmarks as Barriers Between Current and Future Selves," *Personality and*

Social Psychology Bulletin 40, no. 1 (2014): 44–56.

19. Hengchen Dai, Katherine L. Milkman, and Jason Riis, "The Fresh Start Effect: Temporal Landmarks Motivate Aspirational Behavior," *Management Science* 60, no. 10 (2014): 2563–82.

20. Jason Riis, "Opportunities and Barriers for Smaller Portions in Food Service: Lessons from Marketing and Behavioral Economics," *International Journal of Obesity* 38 (2014): S19–24.

21. Hengchen Dai, Katherine L. Milkman, and Jason Riis, "The Fresh Start Effect: Temporal Landmarks Motivate Aspirational Behavior," *Management Science* 60, no. 10 (2014): 2563–82.

22. Sadie Stein, "I Always Start on 8 January," *Paris Review*, January 8, 2013; Alison Beard, "Life's Work: An Interview with Isabel Allende," *Harvard Business Review*, May 2016.

23. Hengchen Dai, Katherine L. Milkman, and Jason Riis, "Put Your Imperfections Behind You: Temporal Landmarks Spur Goal Initiation When They Signal New Beginnings," *Psychological Science* 26, no. 12 (2015): 1927–36.

24. Jordi Brandts, Christina Rott, and Carles Solà, "Not Just Like Starting Over: Leadership and Revivification of Cooperation in Groups," *Experimental Economics* 19, no. 4 (2016): 792–818.

25. Jason Riis, "Opportunities and Barriers for Smaller Portions in Food Service: Lessons from Marketing and Behavioral Economics," *International Journal of Obesity* 38 (2014): S19–24.

26. John C. Norcross, Marci S. Mrykalo, and Matthew D. Blagys, "Auld Lang Syne: Success Predictors, Change Processes, and Self-Reported Outcomes of New Year's Resolvers and Nonresolvers," *Journal of Clinical Psychology* 58, no. 4 (2002): 397–405.

27. Lisa B. Kahn, "The Long-Term Labor Market Consequences of Graduating from College in a Bad Economy," *Labour Economics* 17, no. 2 (2010): 303–16.

28. 此概念是混沌與複雜理論的基石。例如可參見Dean Rickles, Penelope Hawe, and Alan Shiell, "A Simple Guide to Chaos and Complexity," *Journal of Epidemiology & Community Health* 61, no. 11 (2007): 933–37.

29. Philip Oreopoulos, Till von Wachter, and Andrew Heisz, "The Short- and Long-Term Career Effects of Graduating in a Recession," *American Economic Journal: Applied Economics* 4, no. 1 (2012): 1–29.

30. Antoinette Schoar and Luo Zuo, "Shaped by Booms and Busts: How the Economy Impacts CEO Careers and Management Styles," *Review of Financial*

Studies (forthcoming). 可至SSRN: https://ssrn.com/abstract=1955612或http://dx.doi.org/10.2139/ssrn.1955612.

31. Paul Oyer, "The Making of an Investment Banker: Stock Market Shocks, Career Choice, and Lifetime Income," *Journal of Finance* 63, no. 6 (2008): 2601–28.

32. Joseph G. Altonji, Lisa B. Kahn, and Jamin D. Speer, "Cashier or Consultant? Entry Labor Market Conditions, Field of Study, and Career Success," *Journal of Labor Economics* 34, no. S1 (2016): S361–401.

33. Jaison R. Abel, Richard Deitz, and Yaqin Su, "Are Recent College Graduates Finding Good Jobs?" *Current Issues in Economics and Finance* 20, no. 1 (2014).

34. Paul Beaudry and John DiNardo, "The Effect of Implicit Contracts on the Movement of Wages over the Business Cycle: Evidence from Micro Data," *Journal of Political Economy* 99, no. 4 (1991): 665–88; 亦參見Darren Grant, "The Effect of Implicit Contracts on the Movement of Wages over the Business Cycle: Evidence from the National Longitudinal Surveys," *ILR Review* 56, no. 3 (2003): 393–408.

35. David P. Phillips and Gwendolyn E. C. Barker, "A July Spike in Fatal Medication Errors: A Possible Effect of New Medical Residents," *Journal of General Internal Medicine* 25, no. 8 (2010): 774–79.

36. Michael J. Englesbe et al., "Seasonal Variation in Surgical Outcomes as Measured by the American College of Surgeons-National Surgical Quality Improvement Program (ACS-NSQIP)," *Annals of Surgery* 246, no. 3 (2007): 456–65

37. David L. Olds et al., "Effect of Home Visiting by Nurses on Maternal and Child Mortality: Results of a 2-Decade Follow-up of a Randomized Clinical Trial," *JAMA Pediatrics* 168, no. 9 (2014): 800–806; David L. Olds et al., "Effects of Home Visits by Paraprofessionals and by Nurses on Children: Follow-up of a Randomized Trial at Ages 6 and 9 Years," *JAMA Pediatrics* 168, no. 2 (2014): 114–21; Sabrina Tavernise, "Visiting Nurses, Helping Mothers on the Margins," *New York Times*, March 8, 2015.

38. David L. Olds, Lois Sadler, and Harriet Kitzman, "Programs for Parents of Infants and Toddlers: Recent Evidence from Randomized Trials," *Journal of Child Psychology and Psychiatry* 48, no. 3–4 (2007): 355–91; William Thorland et al., "Status of Breastfeeding and Child Immunization Outcomes in Clients of the Nurse-Family Partnership," *Maternal and Child Health Journal* 21, no. 3 (2017): 439–45; Nurse-Family Partnership, "Trials and Outcomes" (2017). 可至http://www.nursefamilypartnership.org/proven-results/published-research.

第 3 章：時間駭客指南

1. Gary Klein, "Performing a Project Premortem," *Harvard Business Review* 85, no. 9 (2007): 18–19.

2. Marc Meredith and Yuval Salant, "On the Causes and Consequences of Ballot Order Effects," *Political Behavior* 35, no. 1 (2013): 175–97; Darren P. Grant, "The Ballot Order Effect Is Huge: Evidence from Texas," May 9, 2016. 可至 https://ssrn.com/abstract=2777761.

3. Shai Danziger, Jonathan Levav, and Liora Avnaim-Pesso, "Extraneous Factors in Judicial Decisions," *Proceedings of the National Academy of Sciences* 108, no. 17 (2011): 6889–92.

4. Antonia Mantonakis et al., "Order in Choice: Effects of Serial Position on Preferences," *Psychological Science* 20, no. 11 (2009): 1309–12.

5. Uri Simonsohn and Francesca Gino, "Daily Horizons: Evidence of Narrow Bracketing in Judgment from 10 Years of MBA Admissions Interviews," *Psychological Science* 24, no. 2 (2013): 219–24.

6. Shai Danziger, Jonathan Levav, and Liora Avnaim-Pesso. "Extraneous Factors in Judicial Decisions," *Proceedings of the National Academy of Sciences* 108, no. 17 (2011): 6889–92.

7. Lionel Page and Katie Page, "Last Shall Be First: a Field Study of Biases in Sequential Performance Evaluation on the Idol Series," *Journal of Economic Behavior & Organization* 73, no. 2 (2010): 186–98; Adam Galinsky and Maurice Schweitzer, *Friend & Foe: When to Cooperate, When to Compete, and How to Succeed at Both* (New York: Crown Business, 2015), 229.（中文版《朋友與敵人：哥倫比亞大學╳華頓商學院聯手，教你掌握合作與競爭之間的張力，當更好的盟友與更令人敬畏的對手》，時報，二〇一七年出版）

8. Wändi Bruine de Bruin, "Save the Last Dance for Me: Unwanted Serial Position Effects in Jury Evaluations," *Acta Psychologica* 118, no. 3 (2005): 245–60.

9. Steve Inskeep and Shankar Vedantan, "Deciphering Hidden Biases During Interviews," National Public Radio's *Morning Edition*, March 6, 2013, interview with Uri Simonsohn, 引自 Uri Simonsohn and Francesca Gino, "Daily Horizons: Evidence of Narrow Bracketing in Judgment from 10 Years of MBA Admissions Interviews," *Psychological Science* 24, no. 2 (2013): 219–24.

10. Michael Watkins, *The First 90 Days: Critical Success Strategies for New Leaders at All Levels*, read by Kevin T. Norris (Flushing, NY: Gildan Media LLC, 2013). Audiobook.（中文版《關鍵領導90天》，天下文化，二〇〇五年出版，原文第一版）

11. Ram Charan, Stephen Drotter, and James Noel, *The Leadership Pipeline: How to Build the Leadership Powered Company*, 2nd ed. (San Francisco: Jossey-Bass, 2011).

12. Harrison Wellford, "Preparing to Be President on Day One," *Public Administration Review* 68, no. 4 (2008): 618–23.

13. Corinne Bendersky and Neha Parikh Shah, "The Downfall of Extraverts and the Rise of Neurotics: The Dynamic Process of Status Allocation in Task Groups," *Academy of Management Journal* 56, no. 2 (2013): 387–406.

14. Brian J. Fogg, "A Behavior Model for Persuasive Design" in *Proceedings of the 4th International Conference on Persuasive Technology* (New York: ACM, 2009). 關於動機浪潮的說明，參見https://www.youtube.com/watch?v=fqUSjHjIEFg.

15. Karl E. Weick, "Small Wins: Redefining the Scale of Social Problems," *American Psychologist* 39, no. 1 (1984): 40–49.

16. Teresa Amabile and Steven Kramer, *The Progress Principle: Using Small Wins to Ignite Joy, Engagement, and Creativity at Work* (Cambridge, MA: Harvard Business Review Press, 2011).

17. Nicholas Wolfinger, "Want to Avoid Divorce? Wait to Get Married, but Not Too Long," *Institute for Family Studies*, July 16, 2015, 其分析資料來自Casey E. Copen et al., "First Marriages in the United States: Data from the 2006–2010 National Survey of Family Growth," *National Health Statistics Reports*, no. 49, March 22, 2012.

18. Scott Stanley et al., "Premarital Education, Marital Quality, and Marital Stability: Findings from a Large, Random Household Survey," *Journal of Family Psychology* 20, no. 1 (2006): 117–26.

19. Andrew Francis-Tan and Hugo M. Mialon, "'A Diamond Is Forever' and Other Fairy Tales: The Relationship Between Wedding Expenses and Marriage Duration," *Economic Inquiry* 53, no. 4 (2015): 1919–30.

第 4 章：中間點

1. Elliott Jaques, "Death and the Mid-Life Crisis," *International Journal of Psycho-Analysis* 46 (1965): 502–14.

2. 一九七四年暢銷巨著《*Passages: Predictable Crises of Adult Life*》描述各種中年危機，作者Gail Sheehy為這股熱潮推波助瀾，但此書直到第三百六十九頁才提及雅克。

3. Elliott Jaques, "Death and the Mid-Life Crisis," *International Journal of*

Psycho-Analysis 46 (1965): 502–14.

4. Arthur A. Stone et al., "A Snapshot of the Age Distribution of Psychological Well-Being in the United States," *Proceedings of the National Academy of Sciences* 107, no. 22 (2010): 9985–90.

5. David G. Blanchflower and Andrew J. Oswald, "Is Well-Being U-Shaped over the Life Cycle?" *Social Science & Medicine* 66, no. 8 (2008): 1733–49.

6. 亦參見Terence Chai Cheng, Nattavudh Powdthavee, and Andrew J. Oswald, "Longitudinal Evidence for a Midlife Nadir in Human Well-Being: Results from Four Data Sets," *Economic Journal* 127, no. 599 (2017): 126–42; Andrew Steptoe, Angus Deaton, and Arthur A. Stone, "Subjective Wellbeing, Health, and Ageing," *Lancet* 385, no. 9968 (2015): 640–48; Paul Frijters and Tony Beatton, "The Mystery of the U-Shaped Relationship Between Happiness and Age," *Journal of Economic Behavior & Organization* 82, no. 2–3 (2012): 525–42; Carol Graham, *Happiness Around the World: The Paradox of Happy Peasants and Miserable Millionaires* (Oxford: Oxford University Press, 2009). （中文版《幸福經濟學：幸福是滿足過生活？還是人生有目標？全美最具影響力智庫的關鍵報告》，漫遊者文化，二〇一三年出版）某些研究顯示，雖然世界各國一致呈現U形，但在轉捩點——福祉達到最低點，開始上升的時候——國與國之間有所變化。參見Carol Graham and Julia Ruiz Pozuelo, "Happiness, Stress, and Age: How the U-Curve Varies Across People and Places," *Journal of Population Economics* 30, no. 1 (2017): 225–64; Bert van Landeghem, "A Test for the Convexity of Human Well-Being over the Life Cycle: Longitudinal Evidence from a 20-Year Panel," *Journal of Economic Behavior & Organization* 81, no. 2 (2012): 571–82.

7. David G. Blanchflower and Andrew J. Oswald, "Is Well-Being U-Shaped over the Life Cycle?" *Social Science & Medicine* 66, no. 8 (2008): 1733–49.

8. Hannes Schwandt, "Unmet Aspirations as an Explanation for the Age U-Shape in Wellbeing," *Journal of Economic Behavior & Organization* 122 (2016): 75–87.

9. Alexander Weiss et al., "Evidence for a Midlife Crisis in Great Apes Consistent with the U-Shape in Human Well-Being," *Proceedings of the National Academy of Sciences* 109, no. 49 (2012): 19949–52.

10. Maferima Touré-Tillery and Ayelet Fishbach, "The End Justifies the Means, but Only in the Middle," *Journal of Experimental Psychology: General* 141, no. 3 (2012): 570–83.

11. 同前注。

12. Niles Eldredge and Stephen Jay Gould, "Punctuated Equilibria: An Alternative

to Phyletic Gradualism," in Thomas Schopf, ed., *Models in Paleobiology* (San Francisco: Freeman, Cooper and Company, 1972), 82–115; Stephen Jay Gould and Niles Eldredge, "Punctuated Equilibria: The Tempo and Mode of Evolution Reconsidered," *Paleobiology* 3, no. 2 (1977): 115–51.

13. Connie J. G. Gersick, "Time and Transition in Work Teams: Toward a New Model of Group Development," *Academy of Management Journal* 31, no. 1 (1988): 9–41.

14. 同前注。

15. Connie J. G. Gersick, "Marking Time: Predictable Transitions in Task Groups," *Academy of Management Journal* 32, no. 2 (1989): 274–309.

16. Connie J. G. Gersick, "Pacing Strategic Change: The Case of a New Venture," *Academy of Management Journal* 37, no. 1 (1994): 9–45.

17. Malcolm Moran, "Key Role for Coaches in Final," *New York Times*, March 29, 1982; Jack Wilkinson, "UNC's Crown a Worthy One," *New York Daily News*, March 20, 1982; Curry Kirkpatrick, "Nothing Could Be Finer," *Sports Illustrated*, April 5, 1982.

18. Curry Kirkpatrick, "Nothing Could Be Finer," *Sports Illustrated*, April 5, 1982.

19. Malcolm Moran, "North Carolina Slips Past Georgetown by 63–62," *New York Times*, March 30, 1982.

20. Jonah Berger and Devin Pope, "Can Losing Lead to Winning?" *Management Science* 57, no. 5 (2011): 817–27.

21. 同前注。

22. "Key Moments in Dean Smith's Career," *Charlotte Observer*, February 8, 2015.

第 4 章：時間駭客指南

1. Andrea C. Bonezzi, Miguel Brendl, and Matteo De Angelis, "Stuck in the Middle: The Psychophysics of Goal Pursuit," *Psychological Science* 22, no. 5 (2011): 607–12.

2. 參見Colleen M. Seifert and Andrea L. Patalano, "Memory for Incomplete Tasks: A Re-Examination of the Zeigarnik Effect," *Proceedings of the Thirteenth Annual Conference of the Cognitive Science Society* (Mahwah, NJ: Lawrence Erlbaum Associates, 1991), 114.

3. Brad Isaac, "Jerry Seinfeld's Productivity Secret," *Lifehacker*, July 24, 2007, 276–86.

4. Adam Grant, *2 Fail-Proof Techniques to Increase Your Productivity* (Inc.

Video). 可至https://www.inc.com/adam-grant/productivity-playbook-failproof-productivity-techniques.html.

5. Minjung Koo and Ayelet Fishbach, "Dynamics of Self-Regulation: How (Un) Accomplished Goal Actions Affect Motivation," *Journal of Personality and Social Psychology* 94, no. 2 (2008): 183–95.

6. Cameron Ford and Diane M. Sullivan, "A Time for Everything: How the Timing of Novel Contributions Influences Project Team Outcomes," *Journal of Organizational Behavior* 25, no. 2 (2004): 279–92.

7. J. Richard Hackman and Ruth Wageman, "A Theory of Team Coaching," *Academy of Management Review* 30, no. 2 (2005): 269–87.

8. Hannes Schwandt, "Why So Many of Us Experience a Midlife Crisis," *Harvard Business Review*, April 20, 2015. 可至https://hbr.org/2015/04/why-so-many-of-us-experience-a-midlife-crisis.

9. Minkyung Koo et al., "It's a Wonderful Life: Mentally Subtracting Positive Events Improves People's Affective States, Contrary to Their Affective Forecasts," *Journal of Personality and Social Psychology* 95, no. 5 (2008): 1217–24.

10. Juliana G. Breines and Serena Chen, "Self-Compassion Increases Self-Improvement Motivation," *Personality and Social Psychology Bulletin* 38, no. 9 (2012): 1133–43; Kristin D. Neff and Christopher K. Germer, "A Pilot Study and Randomized Controlled Trial of the Mindful Self-Compassion Program," *Journal of Clinical Psychology* 69, no. 1 (2013): 28–44; Kristin D. Neff, "The Development and Validation of a Scale to Measure Self-Compassion," *Self and Identity* 2, no. 3 (2003): 223–50; Leah B. Shapira and Myriam Mongrain, "The Benefits of Self-Compassion and Optimism Exercises for Individuals Vulnerable to Depression," *Journal of Positive Psychology* 5, no. 5 (2010): 377–89; Lisa M. Yarnell et al., "Meta-Analysis of Gender Differences in Self-Compassion," *Self and Identity* 14, no. 5 (2015): 499–520.

第 5 章：結尾

1. Running USA, *2015 Running USA Annual Marathon Report*, May 25, 2016, 可至http://www.runningusa.org/marathon-report-2016; Ahotu Marathons, *2017–2018 Marathon Schedule*, 可至http://marathons.ahotu.com/calendar/marathon; Skechers Performance Los Angeles Marathon, *Race History*, 可至http://www.lamarathon.com/press/race-history; Andrew Cave and Alex Miller, "Marathon Runners Sign Up in Record Numbers," *Telegraph*, March 24, 2016.

2. Adam L. Alter and Hal E. Hershfield, "People Search for Meaning When They

Approach a New Decade in Chronological Age," *Proceedings of the National Academy of Sciences* 111, no. 48 (2014): 17066–70.奧特及赫希菲爾德的某些資料與結論，相關評論參見Erik G. Larsen, "Commentary On: People Search for Meaning When They Approach a New Decade in Chronological Age," *Frontiers in Psychology* 6 (2015): 792.

3. Adam L. Alter and Hal E. Hershfield, "People Search for Meaning When They Approach a New Decade in Chronological Age," *Proceedings of the National Academy of Sciences* 111, no. 48 (2014): 17066–70.

4. Jim Chairusmi, "When Super Bowl Scoring Peaks—or Timing Your Bathroom Break," *Wall Street Journal*, February 4, 2017.

5. Clark L. Hull, "The Goal-Gradient Hypothesis and Maze Learning," *Psychological Review* 39, no. 1 (1932): 25.

6. Clark L. Hull, "The Rat's Speed-of-Locomotion Gradient in the Approach to Food," *Journal of Comparative Psychology* 17, no. 3 (1934): 393.

7. Arthur B. Markman and C. Miguel Brendl, "The Influence of Goals on Value and Choice," *Psychology of Learning and Motivation* 39 (2000): 97–128; Minjung Koo and Ayelet Fishbach, "Dynamics of Self-Regulation: How (Un) Accomplished Goal Actions Affect Motivation," *Journal of Personality and Social Psychology* 94, no. 2 (2008): 183–95; Andrea Bonezzi, C. Miguel Brendl, and Matteo De Angelis, "Stuck in the Middle: The Psychophysics of Goal Pursuit," *Psychological Science* 22, no. 5 (2011): 607–12; Szu-Chi Huang, Jordan Etkin, and Liyin Jin, "How Winning Changes Motivation in Multiphase Competitions," *Journal of Personality and Social Psychology* 112, no. 6 (2017): 813–37; Kyle E. Conlon et al., "Eyes on the Prize: The Longitudinal Benefits of Goal Focus on Progress Toward a Weight Loss Goal," *Journal of Experimental Social Psychology* 47, no. 4 (2011): 853–55.

8. Kristen Berman, "The Deadline Made Me Do It," *Scientific American*, November 9, 2016, 可至https://blogs.scientificamerican.com/mind-guest-blog/the-deadline-made-me-do-it/.

9. John C. Birkimer et al., "Effects of Refutational Messages, Thought Provocation, and Decision Deadlines on Signing to Donate Organs," *Journal of Applied Social Psychology* 24, no. 19 (1994): 1735–61.

10. Suzanne B. Shu and Ayelet Gneezy, "Procrastination of Enjoyable Experiences," *Journal of Marketing Research* 47, no. 5 (2010): 933–44.

11. Uri Gneezy, Ernan Haruvy, and Alvin E. Roth, "Bargaining Under a Deadline: Evidence from the Reverse Ultimatum Game," *Games and Economic Behavior* 45, no. 2 (2003): 347–68; Don A. Moore, "The Unexpected Benefits of Final

Deadlines in Negotiation," *Journal of Experimental Social Psychology* 40, no. 1 (2004): 121–27.

12. Szu-Chi Huang and Ying Zhang, "All Roads Lead to Rome: The Impact of Multiple Attainment Means on Motivation," *Journal of Personality and Social Psychology* 104, no. 2 (2013): 236–48.

13. Teresa M. Amabile, William DeJong, and Mark R. Lepper, "Effects of Externally Imposed Deadlines on Subsequent Intrinsic Motivation," *Journal of Personality and Social Psychology* 34, no. 1 (1976): 92–98; Teresa M. Amabile, "The Social Psychology of Creativity: A Componential Conceptualization," *Journal of Personality and Social Psychology* 45, no. 2 (1983): 357–77; Edward L. Deci and Richard M. Ryan, "The 'What' and 'Why' of Goal Pursuits: Human Needs and the Self-Determination of Behavior," *Psychological Inquiry* 11, no. 4 (2000): 227–68.

14. 例如可參見Marco Pinfari, "Time to Agree: Is Time Pressure Good for Peace Negotiations?" *Journal of Conflict Resolution* 55, no. 5 (2011): 683–709.

15. Ed Diener, Derrick Wirtz, and Shigehiro Oishi, "End Effects of Rated Life Quality: The James Dean Effect," *Psychological Science* 12, no. 2 (2001): 124–28.

16. Daniel Kahneman et al., "When More Pain Is Preferred to Less: Adding a Better End," *Psychological Science* 4, no. 6 (1993): 401–405; Barbara L. Fredrickson and Daniel Kahneman, "Duration Neglect in Retrospective Evaluations of Affective Episodes," *Journal of Personality and Social Psychology* 65, no. 1 (1993): 45–55; Charles A. Schreiber and Daniel Kahneman, "Determinants of the Remembered Utility of Aversive Sounds," *Journal of Experimental Psychology: General* 129, no. 1 (2000): 27–42.

17. Donald A. Redelmeier and Daniel Kahneman, "Patients' Memories of Painful Medical Treatments: Real-Time and Retrospective Evaluations of Two Minimally Invasive Procedures," *Pain* 66, no. 1 (1996): 3–8.

18. Daniel Kahneman, *Thinking, Fast and Slow* (New York: Farrar, Straus and Giroux, 2011), 380. (中文版《快思慢想》，天下文化，二〇一二年出版)

19. George F. Loewenstein and Dražen Prelec, "Preferences for Sequences of Outcomes," *Psychological Review* 100, no. 1 (1993): 91–108; Hans Baumgartner, Mita Sujan, and Dan Padgett, "Patterns of Affective Reactions to Advertisements: The Integration of Moment-to-Moment Responses into Overall Judgments," *Journal of Marketing Research* 34, no. 2 (1997): 219–32; Amy M. Do, Alexander V. Rupert, and George Wolford, "Evaluations of Pleasurable Experiences: The Peak-End Rule," *Psychonomic Bulletin & Review* 15, no. 1

(2008): 96–98.

20. Andrew Healy and Gabriel S. Lenz, "Substituting the End for the Whole: Why Voters Respond Primarily to the Election-Year Economy," *American Journal of Political Science* 58, no. 1 (2014): 31–47; Andrews Healy and Neil Malhotra, "Myopic Voters and Natural Disaster Policy," *American Political Science Review* 103, no. 3 (2009): 387–406.

21. George E. Newman, Kristi L. Lockhart, and Frank C. Keil, "'End-of-Life' Biases in Moral Evaluations of Others," *Cognition* 115, no. 2 (2010): 343–49.

22. 同前注。

23. Tammy English and Laura L. Carstensen, "Selective Narrowing of Social Networks Across Adulthood Is Associated with Improved Emotional Experience in Daily Life," *International Journal of Behavioral Development* 38, no. 2 (2014): 195–202.

24. Laura L. Carstensen, Derek M. Isaacowitz, and Susan T. Charles, "Taking Time Seriously: A Theory of Socioemotional Selectivity," *American Psychologist* 54, no. 3 (1999): 165–81.

25. 同前注。

26. 其他研究得到類似發現。例如可參見Frieder R. Lang, "Endings and Continuity of Social Relationships: Maximizing Intrinsic Benefits Within Personal Networks When Feeling Near to Death," *Journal of Social and Personal Relationships* 17, no. 2 (2000): 155–82; Cornelia Wrzus et al., "Social Network Changes and Life Events Across the Life Span: A Meta-Analysis," *Psychological Bulletin* 139, no. 1 (2013): 53–80.

27. Laura L. Carstensen, Derek M. Isaacowitz, and Susan T. Charles, "Taking Time Seriously: A Theory of Socioemotional Selectivity," *American Psychologist* 54, no. 3 (1999): 165–81.

28. Angela M. Legg and Kate Sweeny, "Do You Want the Good News or the Bad News First? The Nature and Consequences of News Order Preferences," *Personality and Social Psychology Bulletin* 40, no. 3 (2014): 279–88; Linda L. Marshall and Robert F. Kidd, "Good News or Bad News First?" *Social Behavior and Personality* 9, no. 2 (1981): 223–26.

29. Angela M. Legg and Kate Sweeny, "Do You Want the Good News or the Bad News First? The Nature and Consequences of News Order Preferences," *Personality and Social Psychology Bulletin* 40, no. 3 (2014): 279–88.

30. 例如可參見William T. Ross, Jr., and Itamar Simonson, "Evaluations of Pairs of Experiences: A Preference for Happy Endings," *Journal of Behavioral Decision Making* 4, no. 4 (1991): 273–82. 此偏好並非始終正向，例如，賭賽馬的人

傾向於在當天最後一圈孤注一擲。他們希望在最後神來一筆，但通常只會讓口袋更空。Craig R. M. McKenzie et al., "Are Longshots Only for Losers? A New Look at the Last Race Effect," *Journal of Behavioral Decision Making* 29, no. 1 (2016): 25–36. 亦參見Martin D. Vestergaard and Wolfram Schultz, "Choice Mechanisms for Past, Temporally Extended Outcomes," *Proceedings of the Royal Society B* 282, no. 1810 (2015): 20141766.

31. Ed O'Brien and Phoebe C. Ellsworth, "Saving the Last for Best: A Positivity Bias for End Experiences," *Psychological Science* 23, no. 2 (2012): 163–65.

32. Robert McKee, *Story: Substance, Structure, Style, and the Principles of Screenwriting* (New York: ReaganBooks/HarperCollins, 1997), 311.（中文版《故事的解剖：跟好萊塢編劇教父學習說故事的技藝，打造獨一無二的內容、結構與風格！》，漫遊者文化，二〇一四年出版）

33. John August, "Endings for Beginners," *Scriptnotes* podcast 44, July 3, 2012, 可至http://scriptnotes.net/endings-for-beginners.

34. Hal Hershfield et al., "Poignancy: Mixed Emotional Experience in the Face of Meaningful Endings," *Journal of Personality and Social Psychology* 94, no. 1 (2008): 158–67.

第 5 章：時間駭客指南

1. Jon Bischke, "Entelo Study Shows When Employees Are Likely to Leave Their Jobs," October 6, 2014, 可至https://blog.entelo.com/new-entelo-study-shows-when-employees-are-likely-to-leave-their-jobs.

2. Robert I. Sutton, *Good Boss, Bad Boss: How to Be the Best . . . and Learn from the Worst* (New York: Business Plus/Hachette, 2010).（中文版《好老闆，壞老闆：部屬不說但你非懂不可的管理祕技》，天下文化，二〇一一年出版）糟糕的老闆本身或許也是糟糕的人。參見Trevor Foulk et al., "Heavy Is the Head That Wears the Crown: An Actor-Centric Approach to Daily Psychological Power, Abusive Leader Behavior, and Perceived Incivility," *Academy of Management Journal* 60, forthcoming.

3. Patrick Gillespie, "The Best Time to Leave Your Job Is . . . ," *CNN Money*, May 12, 2016, 可至http://money.cnn.com/2016/05/12/news/economy/best-time-to-leave-your-job/.

4. Peter Boxall, "Mutuality in the Management of Human Resources: Assessing the Quality of Alignment in Employment Relationships," *Human Resource Management Journal* 23, no. 1 (2013): 3–17; Mark Allen Morris, "A Meta-Analytic Investigation of Vocational Interest-Based Job Fit, and Its Relationship to Job Satisfaction, Performance, and Turnover," PhD diss.,

University of Houston, 2003; Christopher D. Nye et al., "Vocational Interests and Performance: A Quantitative Summary of over 60 Years of Research," *Perspectives on Psychological Science* 7, no. 4 (2012): 384–403.

5. Deborah Bach, "Is Divorce Seasonal? UW Research Shows Biannual Spike in Divorce Filings," *UW Today*, August 21, 2016, 可至http://www.washington.edu/news/2016/08/21/is-divorce-seasonal-uw-research-shows-biannual-spike-in-divorce-filings/.

6. Claire Sudath, "This Lawyer Is Hollywood's Complete Divorce Solution," *Bloomberg Businessweek*, March 2, 2016.

7. Teresa Amabile and Steven Kramer, *The Progress Principle: Using Small Wins to Ignite Joy, Engagement, and Creativity at Work* (Boston: Harvard Business Review Press, 2011).

8. Jesse Singal, "How to Maximize Your Vacation Happiness," *New York*, July 5, 2015.

第 6 章：快速與緩慢同步

1. Suketu Mehta, *Maximum City: Bombay Lost and Found* (New York: Vintage, 2009), 264.

2. Ian R. Bartky, *Selling the True Time: Nineteenth-Century Timekeeping in America* (Stanford, CA: Stanford University Press, 2000).

3. Deborah G. Ancona and Chee-Leong Chong, "Timing Is Everything: Entrainment and Performance in Organization Theory," *Academy of Management Proceedings* 1992, no. 1 (1992): 166–69. 密西根大學社會心理學家Joseph McGrath預料到這個想法，出自Joseph E. McGrath, "Continuity and Change: Time, Method, and the Study of Social Issues," *Journal of Social Issues* 42, no. 4 (1986): 5–19; Joseph E. McGrath and Janice R. Kelly, *Time and Human Interaction: Toward a Social Psychology of Time* (New York: Guilford Press, 1986); and Joseph E. McGrath and Nancy L. Rotchford, "Time and Behavior in Organizations," in L. L. Cummings and Barry M. Staw, eds., *Research in Organizational Behavior* 5 (Greenwich, CT: JAI Press, 1983), 57–101.

4. Ken-Ichi Honma, Christina von Goetz, and Jürgen Aschoff, "Effects of Restricted Daily Feeding on Freerunning Circadian Rhythms in Rats," *Physiology & Behavior* 30, no. 6 (1983): 905–13.

5. 安可娜將組織曳引定義為「調整或節制某項行為，目的在協調其他行為，或與其他行為保持節奏一致」，主張這麼做可以「是出於意識、潛意識或直覺」。

6. Till Roenneberg, *Internal Time: Chronotypes, Social Jet Lag, and Why You're So Tired* (Cambridge, MA: Harvard University Press, 2012), 249.

7. Ya-Ru Chen, Sally Blount, and Jeffrey Sanchez-Burks, "The Role of Status Differentials in Group Synchronization" in Sally Blount, Elizabeth A. Mannix, and Margaret Ann Neale, eds., *Time in Groups*, vol. 6 (Bingley, UK: Emerald Group Publishing, 2004), 111–13.

8. Roy F. Baumeister and Mark R. Leary, "The Need to Belong: Desire for Interpersonal Attachments as a Fundamental Human Motivation," *Psychological Bulletin* 117, no. 3 (1995): 497–529.

9. 參見C. Nathan DeWall et al., "Belongingness as a Core Personality Trait: How Social Exclusion Influences Social Functioning and Personality Expression," *Journal of Personality* 79, no. 6 (2011): 1281–1314.

10. Dan Mønster et al., "Physiological Evidence of Interpersonal Dynamics in a Cooperative Production Task," *Physiology & Behavior* 156 (2016): 24–34.

11. Michael Bond and Joshua Howgego, "I Work Therefore I Am," *New Scientist* 230, no. 3079 (2016): 29–32.

12. Oday Kamal, "What Working in a Kitchen Taught Me About Teams and Networks," *The Ready*, April 1, 2016, 可至https://medium.com/the-ready/schools-don-t-teach-you-organization-professional-kitchens-do-7c6cf5145c0a#.jane98bnh.

13. Michael W. Kraus, Cassy Huang, and Dacher Keltner, "Tactile Communication, Cooperation, and Performance: An Ethological Study of the NBA," *Emotion* 10, no. 5 (2010): 745–49.

14. Björn Vickhoff et al., "Music Structure Determines Heart Rate Variability of Singers," *Frontiers in Psychology* 4 (2013): 1–16.

15. James A. Blumenthal, Patrick J. Smith, and Benson M. Hoffman, "Is Exercise a Viable Treatment for Depression?" *ACSM's Health & Fitness Journal* 16, no. 4 (2012): 14–21.

16. Daniel Weinstein et al., "Singing and Social Bonding: Changes in Connectivity and Pain Threshold as a Function of Group Size," *Evolution and Human Behavior* 37, no. 2 (2016): 152–58; Bronwyn Tarr, Jacques Launay, and Robin I. M. Dunbar, "Music and Social Bonding: 'Self-Other' Merging and Neurohormonal Mechanisms," *Frontiers in Psychology* 5 (2014), 1–10; Björn Vickhoff et al., "Music Structure Determines Heart Rate Variability of Singers," *Frontiers in Psychology* 4 (2013): 1–16.

17. Stephen M. Clift and Grenville Hancox, "The Perceived Benefits of Singing: Findings from Preliminary Surveys of a University College Choral Society,"

Perspectives in Public Health 121, no. 4 (2001): 248–56; Leanne M. Wade, "A Comparison of the Effects of Vocal Exercises/Singing Versus Music-Assisted Relaxation on Peak Expiratory Flow Rates of Children with Asthma," *Music Therapy Perspectives* 20, no. 1 (2002): 31–37.

18. Daniel Weinstein et al., "Singing and Social Bonding: Changes in Connectivity and Pain Threshold as a Function of Group Size," *Evolution and Human Behavior* 37, no. 2 (2016): 152–58; Gene D. Cohen et al., "The Impact of Professionally Conducted Cultural Programs on the Physical Health, Mental Health, and Social Functioning of Older Adults," *Gerontologist* 46, no. 6 (2006): 726–34.

19. Christina Grape et al., "Choir Singing and Fibrinogen: VEGF, Cholecystokinin and Motilin in IBS Patients," *Medical Hypotheses* 72, no. 2 (2009): 223–25.

20. R. J. Beck et al., "Choral Singing, Performance Perception, and Immune System Changes in Salivary Immunoglobulin A and Cortisol," *Music Perception* 18, no. 1 (2000): 87–106.

21. Daisy Fancourt et al., "Singing Modulates Mood, Stress, Cortisol, Cytokine and Neuropeptide Activity in Cancer Patients and Carers," *Ecancermedicalscience* 10 (2016): 1–13.

22. Daniel Weinstein et al., "Singing and Social Bonding: Changes in Connectivity and Pain Threshold as a Function of Group Size," *Evolution and Human Behavior* 37, no. 2 (2016): 152–58; Daisy Fancourt et al., "Singing Modulates Mood, Stress, Cortisol, Cytokine and Neuropeptide Activity in Cancer Patients and Carers," *Ecancermedicalscience* 10 (2016): 1–13; Stephen Clift and Grenville Hancox, "The Significance of Choral Singing for Sustaining Psychological Wellbeing: Findings from a Survey of Choristers in England, Australia and Germany," *Music Performance Research* 3, no. 1 (2010): 79–96; Stephen Clift et al., "What Do Singers Say About the Effects of Choral Singing on Physical Health? Findings from a Survey of Choristers in Australia, England and Germany," paper presented at the 7th Triennial Conference of the European Society for the Cognitive Sciences of Music, Jyväskylä , Finland, 2009.

23. Ahmet Munip Sanal and Selahattin Gorsev, "Psychological and Physiological Effects of Singing in a Choir," *Psychology of Music* 42, no. 3 (2014): 420–29; Lillian Eyre, "Therapeutic Chorale for Persons with Chronic Mental Illness: A Descriptive Survey of Participant Experiences," *Journal of Music Therapy* 48, no. 2 (2011): 149–68; Audun Myskja and Pål G. Nord, "The Day the Music Died: A Pilot Study on Music and Depression in a Nursing Home," *Nordic Journal of Music Therapy* 17, no. 1 (2008): 30–40; Betty A. Baily and Jane W. Davidson, "Effects of Group Singing and Performance for Marginalized

and Middle-Class Singers," *Psychology of Music* 33, no. 3 (2005): 269–303; Nicholas S. Gale et al., "A Pilot Investigation of Quality of Life and Lung Function Following Choral Singing in Cancer Survivors and Their Carers," *Ecancermedicalscience* 6, no. 1 (2012): 1–13.

24. Jane E. Southcott, "And as I Go, I Love to Sing: The Happy Wanderers, Music and Positive Aging," *International Journal of Community Music* 2, no. 2–3 (2005): 143–56; Laya Silber, "Bars Behind Bars: The Impact of a Women's Prison Choir on Social Harmony," *Music Education Research* 7, no. 2 (2005): 251–71.

25. Nick Alan Joseph Stewart and Adam Jonathan Lonsdale, "It's Better Together: The Psychological Benefits of Singing in a Choir," *Psychology of Music* 44, no. 6 (2016): 1240–54.

26. Bronwyn Tarr et al., "Synchrony and Exertion During Dance Independently Raise Pain Threshold and Encourage Social Bonding," *Biology Letters* 11, no. 10 (2015).

27. Emma E. A. Cohen et al., "Rowers' High: Behavioural Synchrony Is Correlated with Elevated Pain Thresholds," *Biology Letters* 6, no. 1 (2010): 106–108.

28. Daniel James Brown, *The Boys in the Boat: Nine Americans and Their Epic Quest for Gold at the 1936 Berlin Olympics* (New York: Penguin Books, 2014), 48.（中文版《船上的男孩：九位美國男孩的一九三六年柏林奧運史詩奪金路》，凱特文化，二〇一六年出版）

29. Sally Blount and Gregory A. Janicik, "Getting and Staying In-Pace: The 'In-Synch' Preference and Its Implications for Work Groups," in Harris Sondak, Margaret Ann Neale, and E. Mannix, eds., *Toward Phenomenology of Groups and Group Membership*, vol. 4 (Bingley, UK: Emerald Group Publishing, 2002), 235–66; 亦參見Reneeta Mogan, Ronald Fischer, and Joseph A. Bulbulia, "To Be in Synchrony or Not? A Meta-Analysis of Synchrony's Effects on Behavior, Perception, Cognition and Affect," *Journal of Experimental Social Psychology* 72 (2017): 13–20; Sophie Leroy et al., "Synchrony Preference: Why Some People Go with the Flow and Some Don't," *Personnel Psychology* 68, no. 4 (2015): 759–809.

30. Stefan H. Thomke and Mona Sinha, "The Dabbawala System: On-Time Delivery, Every Time," Harvard Business School case study, 2012, 可至http://www.hbs.edu/faculty/Pages/item.aspx?num=38410.

31. Bahar Tunçgenç and Emma Cohen, "Interpersonal Movement Synchrony Facilitates Pro-Social Behavior in Children's Peer-Play," *Developmental Science* (forthcoming).

32. Bahar Tunçgenç and Emma Cohen, "Movement Synchrony Forges Social Bonds Across Group Divides," *Frontiers in Psychology* 7 (2016): 782.

33. Tal-Chen Rabinowitch and Andrew N. Meltzoff, "Synchronized Movement Experience Enhances Peer Cooperation in Preschool Children," *Journal of Experimental Child Psychology* 160 (2017): 21–32.

第 6 章：時間駭客指南

1. Duncan Watts, "Using Digital Data to Shed Light on Team Satisfaction and Other Questions About Large Organizations," *Organizational Spectroscope*, April 1, 2016, 可至https://medium.com/@duncanjwatts/the-organizational-spectroscope-7f9f239a897c.

2. Gregory M. Walton and Geoffrey L. Cohen, "A Brief Social-Belonging Intervention Improves Academic and Health Outcomes of Minority Students," *Science* 331, no. 6023 (2011): 1447–51; Gregory M. Walton et al., "Two Brief Interventions to Mitigate a 'Chilly Climate' Transform Women's Experience, Relationships, and Achievement in Engineering," *Journal of Educational Psychology* 107, no. 2 (2015): 468–85.

3. Lily B. Clausen, "Robb Willer: What Makes People Do Good?" *Insights by Stanford Business*, November 16, 2015, 可至https://www.gsb.stanford.edu/insights/robb-willer-what-makes-people-do-good.

第 7 章：用時態思考

1. 這句話也無法百分之百確定是格魯喬說的。參見Fred R. Shapiro, *The Yale Book of Quotations* (New Haven, CT: Yale University Press, 2006), 498.

2. Anthony G. Oettinger, "The Uses of Computers in Science," *Scientific American* 215, no. 3 (1966): 161–66.

3. Frederick J. Crosson, *Human and Artificial Intelligence* (New York: Appleton-Century-Crofts, 1970), 15.

4. Fred R. Shapiro, *The Yale Book of Quotations* (New Haven, CT: Yale University Press, 2006), 498.

5. "The Popularity of 'Time' Unveiled," *BBC News*, June 22, 2006, 可至http://news.bbc.co.uk/2/hi/uk_new/5104778.stm. 亞倫・柏狄克亦在以時間為主題、深具遠見的著作中提出此點。參見Alan Burdick, *Why Time Flies: A Mostly Scientific Investigation* (New York: Simon & Schuster, 2017), 25.（中文版《為何時間不等人》，網路與書，二〇一八年出版）

6. 關於懷舊引人入勝的歷史記述，以及這些引文的來源資料，參見

Constantine Sedikides et al., "To Nostalgize: Mixing Memory with Affect and Desire," *Advances in Experimental Social Psychology* 51 (2015): 189–273.

7. Tim Wildschut et al., "Nostalgia: Content, Triggers, Functions," *Journal of Personality and Social Psychology* 91, no. 5 (2006): 975–93.

8. Clay Routledge et al., "The Past Makes the Present Meaningful: Nostalgia as an Existential Resource," *Journal of Personality and Social Psychology* 101, no. 3 (2011): 638–22; Wijnand A. P. van Tilburg, Constantine Sedikides, and Tim Wildschut, "The Mnemonic Muse: Nostalgia Fosters Creativity Through Openness to Experience," *Journal of Experimental Social Psychology* 59 (2015): 1–7.

9. Wing-Yee Cheung et al., "Back to the Future: Nostalgia Increases Optimism," *Personality and Social Psychology Bulletin* 39, no. 11 (2013): 1484–96; Xinyue Zhou et al., "Nostalgia: The Gift That Keeps on Giving," *Journal of Consumer Research* 39, no. 1 (2012): 39–50; Wijnand A. P. van Tilburg, Eric R. Igou, and Constantine Sedikides, "In Search of Meaningfulness: Nostalgia as an Antidote to Boredom," *Emotion* 13, no. 3 (2013): 450–61.

10. Xinyue Zhou et al., "Heartwarming Memories: Nostalgia Maintains Physiological Comfort," *Emotion* 12, no. 4 (2012): 678–84; Rhiannon N. Turner et al., "Combating the Mental Health Stigma with Nostalgia," *European Journal of Social Psychology* 43, no. 5 (2013): 413–22.

11. Matthew Baldwin, Monica Biernat, and Mark J. Landau, "Remembering the Real Me: Nostalgia Offers a Window to the Intrinsic Self," *Journal of Personality and Social Psychology* 108, no. 1 (2015): 128–47.

12. Daniel T. Gilbert and Timothy D. Wilson, "Prospection: Experiencing the Future," *Science* 317, no. 5843 (2007): 1351–54.

13. M. Keith Chen, "The Effect of Language on Economic Behavior: Evidence from Savings Rates, Health Behaviors, and Retirement Assets," *American Economic Review* 103, no. 2 (2013): 690–731.

14. 同前注。

15. 此話題起頭者為Edward Sapir, "The Status of Linguistics as a Science," *Language* 5, no. 4 (1929): 207–14. 該觀點受多人懷疑,包括Noam Chomsky, *Syntactic Structures*, 2nd. ed. (Berlin and New York: Mouton de Gruyter, 2002), 不久前才重新開始討論。例如可參見John J. Gumperz and Stephen C. Levinson, "Rethinking Linguistic Relativity," *Current Anthropology* 32, no. 5 (1991): 613–23; Martin Pütz and Marjolyn Verspoor, eds., *Explorations in Linguistic Relativity*, vol. 199 (Amsterdam and Philadelphia: John Benjamins Publishing, 2000).

16. 參見Hal E. Hershfield, "Future Self-Continuity: How Conceptions of the Future Self Transform Intertemporal Choice," *Annals of the New York Academy of Sciences* 1235, no. 1 (2011): 30–43.

17. Daphna Oyserman, "When Does the Future Begin? A Study in Maximizing Motivation," *Aeon*, April 22, 2016, 可至https://aeon.co/ideas/when-does-the-future-begin-a-study-in-maximising-motivation. 亦參見Neil A. Lewis, Jr., and Daphna Oyserman, "When Does the Future Begin? Time Metrics Matter, Connecting Present and Future Selves," *Psychological Science* 26, no. 6 (2015): 816–25; Daphna Oyserman, Deborah Bybee, and Kathy Terry, "Possible Selves and Academic Outcomes: How and When Possible Selves Impel Action," *Journal of Personality and Social Psychology* 91, no. 1 (2006): 188–204; Daphna Oyserman, Kathy Terry, and Deborah Bybee, "A Possible Selves Intervention to Enhance School Involvement," *Journal of Adolescence* 25, no. 3 (2002): 313–26.

18. Ting Zhang et al., "A 'Present' for the Future: The Unexpected Value of Rediscovery," *Psychological Science* 25, no. 10 (2014): 1851–60.

19. Dacher Keltner and Jonathan Haidt, "Approaching Awe, a Moral, Spiritual, and Aesthetic Emotion," *Cognition & Emotion* 17, no. 2 (2003): 297–314.

20. Melanie Rudd, Kathleen D. Vohs and Jennifer Aaker, "Awe Expands People's Perception of Time, Alters Decision Making, and Enhances Well-Being," *Psychological Science* 23, no. 10 (2012): 1130–36. 幫助別人也會擴大我們的時間感，增加「時間充裕感」（time affluence）；參見Cassie Mogilner, Zoë Chance, and Michael I. Norton, "Giving Time Gives You Time," *Psychological Science* 23, no. 10 (2012): 1233–38.

國家圖書館出版品預行編目 (CIP) 資料

什麼時候是好時候：掌握完美時機的科學祕密／丹尼爾・品克（Daniel H. Pink）著；趙盛慈譯．
-- 初版 .-- 臺北市：大塊文化，2018.06
　面；14x20 公分 . -- (from；124)
譯自：When : the scientific secrets of perfect timing
ISBN 978-986-213-890-8(平裝)

1. 時間管理

494.01　　　　　　　　　　　　　　　107006739

LOCUS